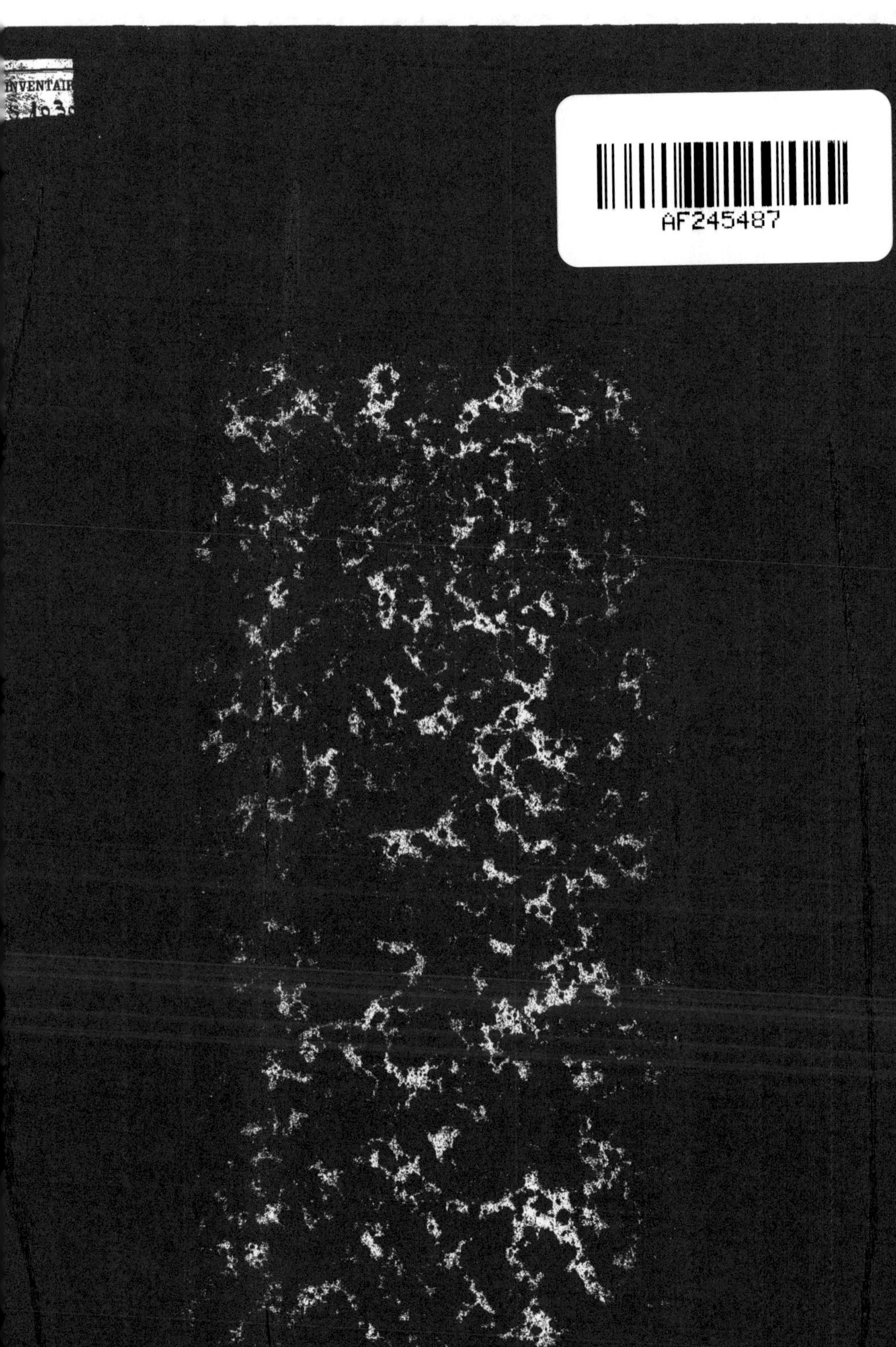

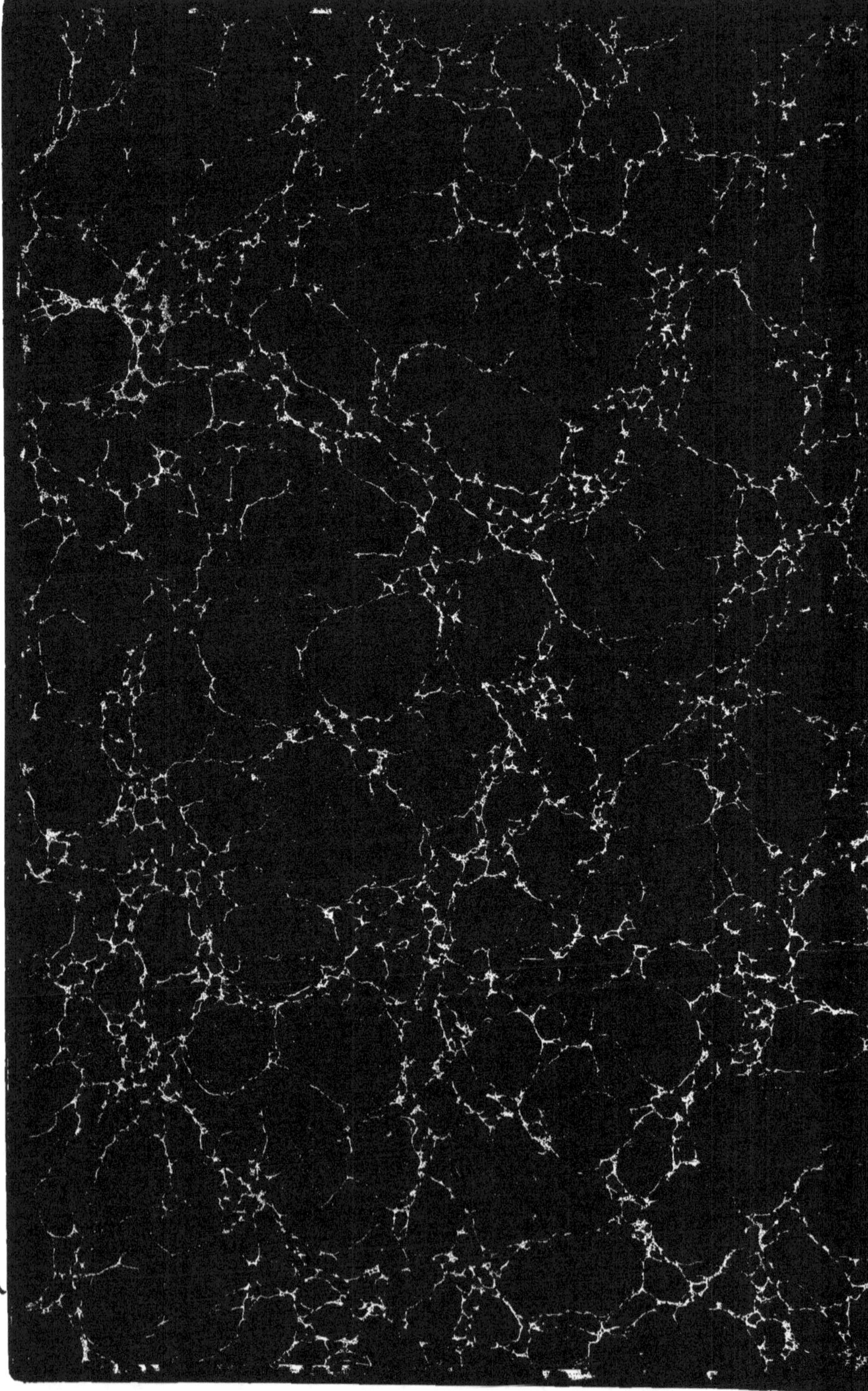

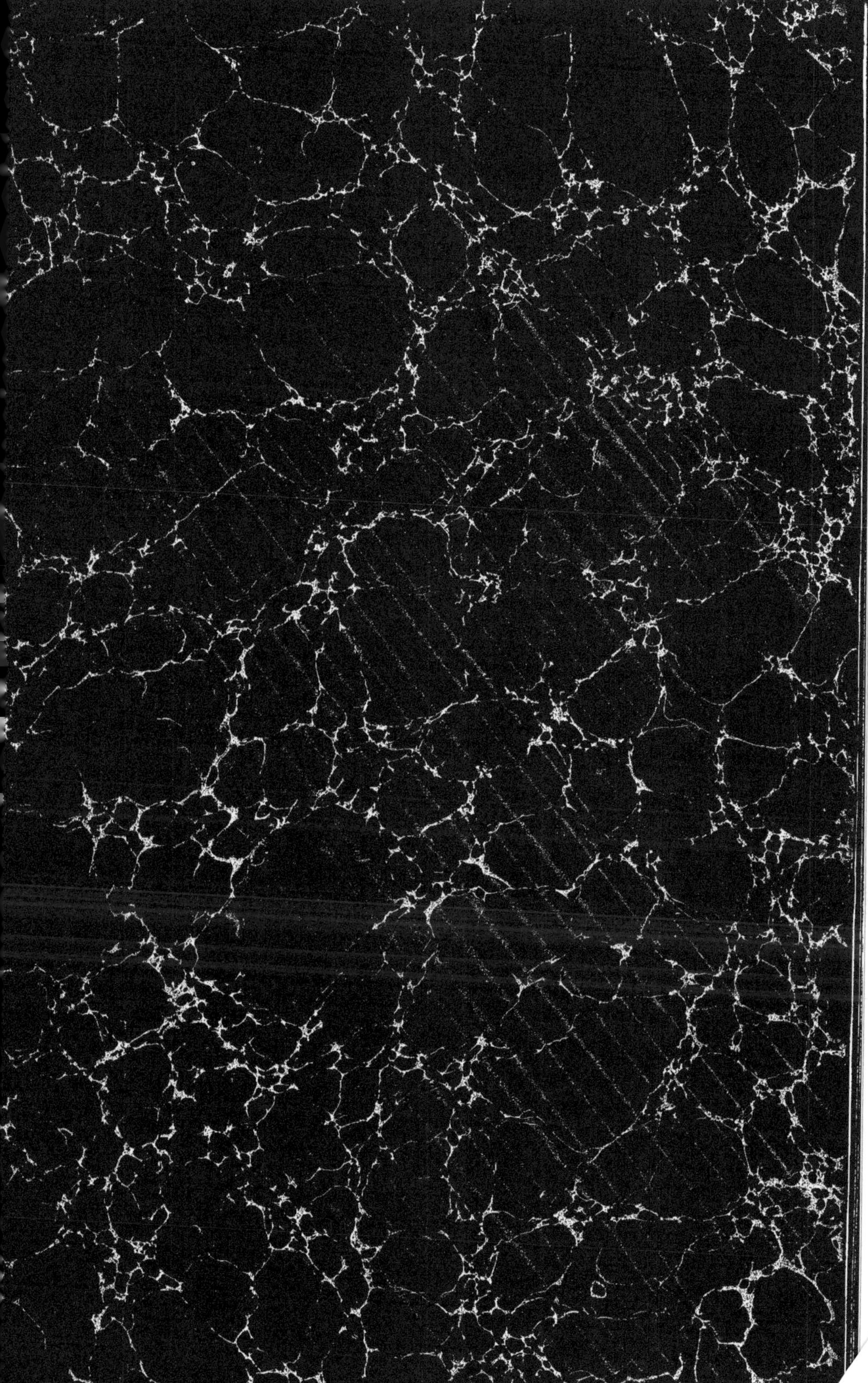

1030

L'ADMINISTRATION

DE L'AGRICULTURE

APPLIQUÉE A UNE EXPLOITATION;

Par M. le Comte DE PLANCY,

Ancien Préfet de la Doire, de la Nièvre, de Seine-et-Marne, Officier de la Légion-d'Honneur,
Membre correspondant du Conseil d'agriculture.

A PARIS.

IMPRIMERIE DE MADAME HUZARD (Née VALLAT LA CHAPELLE),
Rue de l'Éperon Saint-André-des-Arts, N°. 7.

1822.

Le Conseil général d'agriculture, dans ses séances des 3 février et 21 avril 1821, a donné son approbation à ce travail. Son Excellence le Ministre de l'Intérieur a bien voulu , sur la proposition du Conseil , s'engager à en prendre un certain nombre d'exemplaires destinés aux principaux Agronomes de la France.

INTRODUCTION.

PENDANT le cours d'une longue carrière administrative, j'ai constamment cherché les moyens de faciliter le travail de mes collaborateurs, et d'obtenir d'eux des renseignemens clairs et positifs ; il m'a paru que des états et des tableaux généraux qui présentent les détails et l'ensemble de ce qu'on désire connaître avaient ces deux avantages. En effet des états ne contiennent que des chiffres qui ne sont sujets à aucune interprétation, et quelques observations laconiques toujours faciles à établir. Or tout le monde sait faire des chiffres, et exprimer simplement son action et sa pensée, quand les savans seuls peuvent rédiger un mémoire étendu qui renferme toutes les expressions techniques.

Ce travail par états est utile, parce que, mis sous les yeux de celui qui doit l'examiner, il présente un ensemble, et donne le moyen de comparer des faits sans déplacement et sans recherche ; les observations sur-tout seront lues, parce qu'elles seront souvent intéressantes et toujours très-courtes.

D'après ce que je viens de dire, convaincu, comme je le suis, que toutes les fois qu'il est possible d'organiser une administration ou une exploitation de cette manière il faut le faire, je me suis déterminé à régler l'administration de mon exploitation et à former un grand compte général de cette exploitation pour prouver la possibilité d'établir l'ordre dans toutes les parties d'une ferme. En examinant le travail, on en reconnaîtra facilement le mécanisme, et peut-être pensera-t-on que le temps qu'il m'a coûté n'a pas été perdu. Avant de m'étendre davantage sur cet objet, je vais dire comment j'ai été conduit à faire ce travail.

Mon exploitation date de dix ans ; mon intention d'abord était d'avoir une petite ferme expérimentale comme objet d'agrément ; cette ferme me rapportait 1500 fr. Je supposais que pour la faire valoir à mon gré, je dépenserais 1500 fr., et que conséquemment je préleverais chaque année 3000 fr. sur mes revenus pour avoir le plaisir de m'occuper d'agriculture. J'achetai un troupeau de mérinos, je semai des seigles de mars et de la Saint-Jean, et fis d'autres expériences encore ; mais la confusion ne tarda pas à se mettre dans ma petite ferme. J'écrasai mon maître Jacques de demandes, et ses réponses s'effaçaient de ma mémoire, parce que les objets avec lesquels on ne s'est pas familiarisé se retiennent difficilement ; je ne pouvais me rendre compte de rien sans faire de longues recherches, dans une correspondance volumineuse ; je ne savais sur quel point porter mes améliorations, quels étaient mes produits, quelles étaient mes pertes. Je conçus donc le projet d'appliquer à cette exploitation un système administratif dans son entier ; mais il fallait le créer, ce qui me prit beaucoup de temps, à moi qui n'avais sur l'agriculture d'autres notions que celles que tout propriétaire peut avoir sur la théorie et la pratique de cet art.

Tout imparfaits que furent mes premiers états, j'eus bientôt reconnu que mes dépenses augmentaient beaucoup, soit que mon maître Jacques ne fût pas assez intelligent, soit que mes nouvelles expériences ne pussent pas être adoptées en Champagne, où la plupart ne réussissaient pas : les troupeaux seuls paraissaient prospérer, et je songeai dès-lors à tourner en produit réel ce qui n'avait été dans le principe qu'un objet d'amusement. Je jugeai qu'il fallait mettre ma ferme en rapport avant de me livrer à des expériences qui, si elles n'eussent pas réussi mieux que les premières, m'auraient coûté beaucoup et m'eussent tout-à-fait découragé ; je supprimai donc ce qui exigeait trop de soins et de dépenses. Je vis facilement que la Champagne est la patrie des moutons, que là ils produisent beaucoup aux propriétaires industrieux ; je tournai mes spéculations vers ce but, et je cherchai néanmoins à avoir des renseignemens positifs sur toutes les branches de mon exploitation. Enfin je suis parvenu à compléter ce que j'appelle l'*administration de l'agriculture*.

Comme il y a maintenant en France un grand nombre de propriétaires qui, comme moi, font valoir leurs biens pour leur compte, j'ai pensé qu'il serait utile d'indiquer la marche que j'ai suivie, afin qu'ils puissent l'adopter en tout ou en partie, suivant l'importance de leur exploitation. On sentira que je ne me suis jeté dans autant de détails que pour prouver la possibilité de les atteindre tous ; le mémoire et les instructions ci-joints démontrent sous quel rapport est encore utile la marche que j'ai suivie et que j'indique.

En rendant compte de mon exploitation, je crois avoir dit ce qui arrive à la plupart des propriétaires qui font valoir ; mais, en établissant le compte de mon agriculture, je crois leur avoir donné le moyen de juger si la nature et la situation de leurs biens leur permettent de se livrer à des spéculations, s'ils doivent y renoncer comme leur étant trop onéreuses, et s'occuper seulement de quelques expériences, comme d'un objet d'agrément.

Réflexions *sur l'Administration de l'agriculture.*

Les plus petites observations en agriculture ont leur degré d'intérêt ; elles sont le résultat ou des travaux et de l'expérience des cultivateurs, ou des recherches et des méditations des savans, ou de l'industrie des propriétaires et du sage emploi de leurs capitaux. Aussi, est-ce l'art sur lequel on a le plus écrit, sur lequel il y aura toujours à écrire, et quiconque veut l'étudier et se livrer à des expériences doit suivre avec attention les progrès qu'il fait chaque jour.

L'ADMINISTRATION DE L'AGRICULTURE n'a pas rapport à l'art de l'agriculture proprement dit : c'est un mode qui tend à établir l'ordre dans toutes les branches d'une exploitation et à en faire connaître les produits au premier coup d'œil. J'ai pensé que le mode qui est suivi dans mes fermes pouvait être utile au fermier et au propriétaire, et à ceux qui voudraient le devenir ; c'est ce qui m'a déterminé à l'indiquer.

Je n'ai pu obtenir que de ma propre expérience les renseignemens que j'ai réunis et mis en ordre ; pour connaître les détails de mon exploitation et en juger l'ensemble, il a fallu diriger mes travaux pendant plusieurs années, réunir et classer les matériaux que je me procurais chaque jour. Pour arriver à une exploitation plus simple et à de meilleurs produits, j'ai écarté ce qui présentait des abus et m'entraînait dans des dépenses hors de proportion avec les recettes ; j'ai adopté ce qui m'offrait un mode d'administration clair et une surveillance facile. Je ne prétends pas dire : j'ai eu de meilleurs produits que mes voisins, mes dépenses ont été faites avec plus d'ordre et d'économie que les leurs ; non, mais je dis simplement : voilà mes produits, mes dépenses, l'ordre et les calculs que j'établis à leur sujet. Je prévois ce qu'on pourrait m'objecter sur chaque branche si je la soumettais à la discussion ; mais je connais mes faibles produits et mes trop fortes dépenses, et j'arriverai, je l'espère, à augmenter les uns et à diminuer les autres : enfin ce sont tout simplement des faits qui m'ont conduit à des calculs dont je profiterai.

La différence de culture ne permettra pas toujours d'appliquer mon mode d'exploitation ; mais il peut servir de base et de point de comparaison, et faciliter les calculs de tous. Pour le développer, je dirai peu de mots : les instructions qui se trouvent en tête de chaque état l'indiqueront suffisamment, il se borne à un registre journalier ou registre du fermier, un état de mois et un compte général.

Le *registre journalier*, dont le tableau (n°. page 12) donne le modèle, est composé d'une seule feuille pour chaque mois ; cette feuille, dans l'état actuel de mon travail et de mes expériences, contient 106 objets d'exploitation. Pour chaque objet il y a autant de cases que de jours, et dans ces cases on enregistre les opérations journalières ; une 32e. colonne reçoit la récapitulation de ces objets pour tout le mois, et enfin il y a une 33e. colonne pour les observations et les produits en argent.

L'*état de mois*, dont on voit le modèle (page 15), est divisé en 16 petits états, qui contiennent le relevé des objets récapitulés à la 32e. colonne du registre du fermier : sur la première ligne de chaque état, on porte les opérations du mois pour chaque objet, sur la ligne au-dessous les opérations antérieures, et sur une troisième ligne, au-dessous de la seconde, le total des opérations jusqu'au moment où l'état est arrêté.

Cet état contient aussi (au *recto* de la même page) la quantité des terres attachées à la ferme, le nombre des bestiaux de toute espèce, les principaux instrumens aratoires, enfin les recettes et dépenses.

Le *compte général* (page 20 et suiv.) présente les opérations faites sur les mêmes 106 articles pendant les douze mois : la 16e. colonne de ce compte établit le total de l'année pour chaque objet ; la 17e. le taux commun de ce que chaque objet coûte ou produit dans le pays ; la 18e. fait juger de la différence qui existe entre le taux commun et celui de l'année dont on rend compte ; la 19e. renferme des observations plus ou moins intéressantes ; enfin, les 20, 21, 22 et 23°. établissent les recettes et les dépenses.

Le registre du fermier, l'état de mois et le compte général ont les mêmes numéros d'ordre pour faciliter toutes recherches et toutes transcriptions. Je ne parlerai pas ici des autres états compris dans le corps de cet ouvrage ; les motifs en tête de chacun d'eux suffiront pour faire sentir leur utilité.

En examinant le compte général et les autres états, on verra ce qu'il est possible de retirer d'un bien jusqu'alors affermé à un homme qui n'avait ni l'intelligence ni les moyens pécuniaires nécessaires pour le faire valoir : on verra qu'un propriétaire a le moyen de connaître ce que produira son bien, s'il y met tel degré d'industrie ou de surveillance, et telle quantité de capitaux ou de bestiaux ; qu'il peut entrer dans les plus petits détails d'une exploitation et la connaître aussi bien qu'un fermier ; enfin qu'il peut, lorsque son exploitation est montée et son mouvement réglé, la suivre et la diriger, quoiqu'il habite loin de sa ferme. On verra encore 1°. l'ordre dans lequel on doit ranger chaque branche d'exploitation ; 2°. qu'il est possible de tout prévoir et tout ordonner, d'après l'expérience et aux époques fixées ; le tout aux modifications près, que les saisons et les variations du commerce indiqueront, lesquelles modifications sont toujours très-légères et concernent d'ailleurs quelques objets seulement.

Les propriétés foncières sont la base la plus solide des fortunes ; souvent elles sont susceptibles d'améliorations, et un propriétaire, celui sur-tout qui fait valoir ses biens pour son compte, ne saurait trop se livrer aux calculs que j'ai faits. Faute par les propriétaires de s'être rendu compte, non-seulement des propriétés qui avaient peu de valeur sont restées sans augmentation ; mais des propriétés fertiles n'ont plus rien produit. Que cherchent ceux qui achètent des biens-fonds et qui s'occupent d'agriculture ? L'un veut tirer de sa terre tout ce qu'elle peut donner ; l'autre fait des spéculations en bestiaux suivant la localité qu'il habite, l'industrie dont il est capable, les capitaux dont il peut disposer ; d'autres encore veulent trouver un délassement noble, agréable et salutaire : hé bien ! dans l'un et l'autre cas, il faut avoir sous les yeux des états qui prouvent et rappellent la justesse des calculs et le succès des entreprises. La marche que j'aurai tracée une fois adoptée, on peut tous les jours, ou seulement tous les mois et en un instant, vérifier ses doutes, faire cesser ses inquiétudes, voir si on améliore et jusqu'à quel point on peut améliorer. Or un propriétaire trouve toujours un moment à donner à ses affaires soit pour transmettre ses ordres, soit pour s'assurer de l'exécution de ceux qu'il a donnés.

Il ne sera pas plus difficile de trouver de bons maîtres Jacques que des administrateurs intelligens, actifs et intègres ; on se les procurera dans la classe des fils de fermiers, comme on trouve dans les classes plus instruites des hommes en état d'occuper des emplois ou fonctions publiques. Je puis assurer d'ailleurs que mes maîtres Jacques, gens ordinaires, se sont rarement trompés dans la rédaction de leurs états.

Je terminerai ces observations par ce fait positif, que les produits de la ferme dont je vais établir le compte général sont beaucoup plus forts que quand je la louais, et que mes capitaux me rapportent un intérêt convenable, ainsi que l'on peut s'en convaincre par les résultats. Ce succès m'a encouragé à continuer cette exploitation, même à en entreprendre de nouvelles d'après les mêmes bases et avec le même espoir de réussir, quand autrefois je n'avais que confusion et incertitude, ennemies de toute entreprise et de tout succès.

Motifs des réglemens *tendant à établir, autant que possible, un ordre général dans les exploitations.*

Des réglemens paraîtront peut-être inutiles à beaucoup de personnes ; pour moi, je les crois nécessaires : il faut que l'homme placé à la tête d'une ferme sache ce que le propriétaire attend de ses soins et de son travail, connaisse en quoi consiste son autorité et là où elle s'arrête, et sur-tout qu'il n'ait aucune incertitude sur ce qui touche ses intérêts.

Peut-être aussi trouvera-t-on que l'acte d'acceptation du fermier est trop à l'avantage du propriétaire ; mais il en doit être ainsi dans une entreprise de cette nature, où il s'agit d'une culture simple et de soins ordinaires pour lesquels il ne faut ni faire d'étude préalable, ni perdre le fruit d'une longue expérience. Un fermier qu'on remplace trouve à être fermier par-tout s'il est intelligent et s'il aime le travail. L'acte par lequel un propriétaire s'engagerait davantage pourrait avoir de graves inconvéniens : je suppose que ce propriétaire ait à remplacer un fermier paresseux, infidèle et qu'il soit obligé de le garder encore un mois seulement, ce fermier durant ce mois ne peut-il pas faire mourir les troupeaux de faim, laisser les terres incultes et ruiner l'établissement? D'ailleurs un engagement quelconque rend passibles des tribunaux qui ne jugent qu'après des formes longues, qui ne peuvent apprécier les vrais motifs qui déterminent le propriétaire à changer de fermier, qui le condamneront peut-être à de fortes indemnités et qui dans tous les cas lui donneront la réputation de plaideur.

Celui qui livre des biens de cette nature doit être le maître de les reconquérir en entier, à l'instant même où il obtient la conviction qu'on doit changer de maître Jacques : le propriétaire d'ailleurs n'est-il point assez engagé par son intérêt personnel? Et quel est celui qui, trouvant à la tête de ses établissemens des hommes laborieux et probes, ne cherche pas toutes les occasions d'améliorer leur sort? En remplaçant imprudemment de tels hommes, il frapperait de stérilité toutes les branches de son exploitation.

RÉGLEMENT *pour l'exploitation de la Ferme d*

1º. La ferme sera composée de telle quantité de terre que le jugera à propos le propriétaire ;

2º. Elle sera exploitée pour son compte ;

3º. Le nombre des domestiques sera augmenté au fur et à mesure que l'exploitation et le nombre des bestiaux l'exigeront ;

4º. Tous les bestiaux en général, chevaux, vaches, moutons, porcs, volailles, etc., y seront mis en telle quantité et de telle nature que le jugera à propos le propriétaire ;

5º. Le propriétaire garnira le corps-de-logis de meubles, armoires, tables, chaises, lits garnis, etc., en quantité suffisante ;

6º. Les draps pour les domestiques seront fournis par le propriétaire ; mais il ne fournira pas les draps à l'usage du fermier ;

7º. Il sera fait et signé un inventaire double de tout ce qui sera mis à la ferme, en meubles et effets mobiliers, bestiaux, harnois, ustensiles, etc., lequel inventaire sera arrêté par le propriétaire, vérifié tous les ans et rectifié si besoin est ;

8º. Le fermier et son épouse seront chargés d'exécuter, activer et surveiller tous les travaux de l'exploitation ;

9º. Les autres domestiques leur seront soumis ;

10º. Ces derniers pourront être renvoyés par le fermier, à la charge par lui d'en donner avis au propriétaire ;

11º. Tous les habitans de la ferme y seront nourris des productions de l'exploitation, en grains, porcs, œufs, légumes, beurre, fromage, etc. Il est expressément défendu d'acheter quelque chose pour la consommation des gens : le fermier doit savoir ce qu'il faut élever et cultiver pour la nourriture générale ;

12º. Il n'est point distribué de vin à la ferme : cette distribution entraîne des inconvéniens trop graves qui seront sentis de tout le monde, mais pour en tenir lieu il sera payé une indemnité à chaque employé ;

13º. Le bois nécessaire pour le chauffage sera fourni par le propriétaire qui en réglera la quantité ;

14º. La consommation de la ferme en œufs, beurre, fromage, etc., une fois faite, l'excédant sera vendu par le fermier, qui en portera le prix sur le registre dont il est parlé ci-après, et en versera les deniers entre les mains du régisseur ;

15º. Il y aura un registre sur lequel seront inscrits jour par jour les productions, les travaux, les consommations, les dépenses et les recettes, lequel registre sera représenté chaque fois que l'on visitera l'établissement ;

16º. Les grains, bestiaux, laines, etc., seront vendus par le régisseur en vertu de l'autorisation du propriétaire, et livrés par le fermier ;

17º. Les fruits du verger et des avenues seront réservés par le propriétaire, pour en disposer à sa volonté ;

18º. Il est accordé des remises au fermier chargé de l'exploitation et à son épouse (voir l'état page 9).

19º. Le fermier ne se chargera d'aucune autre exploitation, et s'il a des terres ou s'il en achète, il les affermera.

RÉGLEMENT INTÉRIEUR *pour les gens de la ferme, et quelques dispositions d'ordre et de travail.*

En été, on se lève à trois heures du matin ; en hiver, à six heures ou avec le jour.

Les charretiers pansent les chevaux et leur donnent à manger suivant la règle, ôtent le fumier si c'est un des jours fixés pour cela.

Les bergers visitent leurs troupeaux, et attendent pour affourrager qu'ils soient certains que le temps ne permet pas de sortir et qu'ils en aient l'ordre.

Chaque berger doit dire au fermier où il se dirigera pour le parcours de la journée.

Les bergers ne peuvent s'absenter, pendant un seul jour de l'année, avant d'avoir mis à leur place pour conduire le troupeau une personne qui soit agréée par le fermier.

Un seul charretier et un seul berger doivent faire la distribution des fourrages ; les vaches, ainsi que les chevaux et les autres animaux de la basse-cour, doivent être soignés à la même heure.

Le fermier doit, dès qu'il est levé, visiter les bergeries, écuries, granges, étables, etc. ; examiner si tout est propre et à sa place, si les fourrages sont donnés dès qu'il fait jour, si tout est curé, si la litière n'est point prodiguée : il doit aussi faire connaître la veille à chacun des employés ce qu'il aura à faire pour le lendemain ; il pesera tous les jours quelques bottes de fourrages pour s'assurer si elles n'ont pas plus que le poids ; il verra enfin si on a placé la paille battue dans les sinots, si les pailles relevées dans les bergeries pour les litières d'été sont mises en meules.

Les jours où les charretiers ne peuvent labourer ou charroyer pour la ferme, les jours où les bergers ne peuvent point lâcher les troupeaux, tout le monde se rassemblera et mettra en ordre l'intérieur de la cour, labourera et nettoiera le jardin, battra en grange et même bottellera du foin du poids de 10 livres, tous les fourrages devant être employés en bottes.

Tout le temps des gens attachés à la ferme appartient au propriétaire ; aucun d'eux ne travaillera pour son compte ni intérieurement, ni extérieurement : les femmes s'occuperont du ménage, des bestiaux, volailles, etc., fileront pour faire du linge à la ferme lorsqu'elles n'auront rien à faire.

Il ne sera pris aucun ouvrier, homme de journée, sans en avoir prévenu le régisseur.

Il est défendu de manger hors les repas, excepté dans les cas extraordinaires ; il est également défendu de prêter aucun des ustensiles de la ferme, encore moins les chevaux et béliers sans une permission du propriétaire.

Le fermier ne souffrira pas qu'on donne une nourriture plus abondante aux bestiaux ou volailles, ni qu'on change cette nourriture sans en avoir prévenu le régisseur.

Il souffrira le moins possible la visite des étrangers et même des parens des habitans de la ferme (une visite qu'on reçoit distrait toute la ferme, une visite qu'on fait ne dérange qu'une personne).

Il s'arrangera pour ne pas nourrir de cochons l'hiver ; ils sont mal nourris et viennent mal pendant la mauvaise saison.

Les grains battus ne doivent être enlevés et mesurés que devant le fermier, ou sa femme en son absence.

Le fermier doit souvent visiter les haies et bois, voir si les bergers les font manger par les moutons, ainsi que les récoltes et prairies artificielles.

Il fera un réglement d'ordre intérieur de la ferme pour fixer la fonction principale de chacun en particulier s'il le croit utile ; tout le monde d'ailleurs doit travailler à tout en général quand le service l'exige.

Le fermier et sa femme ne quitteront jamais la ferme tous les deux à-la-fois ; l'un d'eux devra toujours y être : lorsqu'on permettra à quelqu'un de s'absenter, ce ne pourra être qu'un jour de fête, et l'on ne pourra jamais découcher.

Les jours de fête, un charretier sera toujours de service à l'établissement, et cela à tour de rôle.

Lors des ventes, il est expressément défendu à aucun employé de recevoir quelque chose des mains des acquéreurs.

Le fermier fera une retenue de 10 sous à chaque employé de la ferme chaque fois qu'il négligera ses devoirs et contredira aux ordres qu'il aura reçus ; au charretier qui quittera ses chevaux ; au berger qui sera trouvé loin de son troupeau, qui le laissera pâturer dans les grains, qui lui laissera manger les bois et les prairies artificielles.

Les amendes seront ajoutées aux gratifications et distribuées aux gens de la ferme.

Il sera recommandé aux gardes-champêtres de veiller sur les propriétés qu'on exploite comme sur celles des habitans de la commune, et de dresser des procès-verbaux contre les bergers et autres gens lorsqu'ils feront manger les récoltes ou les bois ; les frais de procès seront à la charge des délinquans : tout procès sera, s'il est possible, terminé à l'amiable.

Les bergers font à leurs frais l'achat de leurs chiens et de leurs ustensiles pour la garde des troupeaux ; on leur avance sur leurs gages ce qui leur est nécessaire pour ces objets.

Le fermier fera donner un morceau de pain à chaque pauvre ; mais il ne leur permettra pas de coucher, de crainte que par imprudence ils ne mettent le feu.

ENGAGEMENT *du Maître Jacques.*

Je déclare avoir pris communication des réglemens faits pour l'exploitation de la ferme de. . . . . et m'engage à les exécuter et faire exécuter dans leur entier ;

A conduire la ferme avec l'intelligence, l'ordre et l'économie qu'un bon fermier mettrait s'il cultivait pour son propre compte.

Je déclare accepter pour moi et ma femme les arrangemens ci-après. . . . . . .

Il est bien entendu qu'il sera libre au propriétaire d'ajouter auxdits réglemens, ou d'en retrancher tel article que bon lui semblera, sauf à moi à les accepter ou refuser ;

Si je me trouve obligé de sortir de la ferme, il ne me sera dû aucune indemnité par le propriétaire.

INSTRUCTIONS PARTICULIÈRES *pour le Régisseur.*

Le régisseur veillera exactement à la stricte exécution des réglemens d'organisation ;

Visitera la ferme tous les deux jours ;

Se fera représenter le registre journalier du fermier chaque fois qu'il ira à la ferme ;

Donnera en marge de ce registre et par écrit tous les ordres ; il y inscrira les observations résultant de son inspection.

Le régisseur arrêtera lui-même à la ferme l'état de mois du fermier ;

Enverra au propriétaire un état de mois pour lui faire connaître les opérations de l'établissement, ses produits, dépenses, travaux et bestiaux de toute espèce, et ce, le 5 du mois suivant au plus tard ;

Les ventes et les dépenses ne se feront que par ses ordres ;

Il inspectera particulièrement la culture des terres, la santé des bestiaux, le battage des grains ;

Il recevra le sou pour livre, toutes dépenses d'exploitation seulement déduites.

MOTIFS *qui déterminent à fixer au Maître Jacques une remise sur chaque objet porté à l'État ci-après.*

Mon maître Jacques était à traitement fixe ; mais en réfléchissant sur les difficultés que les propriétaires éprouvent quand ils exploitent leurs biens par eux-mêmes, il m'a semblé qu'un maître Jacques, assuré de recevoir son traitement à la fin de l'année, pourrait négliger les objets les plus importans de son exploitation, tandis que s'il n'a à toucher ce traitement que d'après les produits, il doublera de soins et d'activité sur les parties qui présentent le plus d'avantage, au propriétaire, puisque ce sera précisément sur elles que ce propriétaire aura mis un droit plus fort à son profit : par-là on l'oblige à partager ses craintes, ses espérances, ses pertes, ses bénéfices, et placé constamment sur le terrain, il suggérera lui-même le moyen de faire des économies et d'augmenter les produits ; par-là enfin, sans rien perdre des droits et des avantages du propriétaire, on appelle en quelque sorte son maître Jacques à les partager avec soi.

ÉTAT DES REMISES *qui sont allouées au Maître Jacques sur les divers produits de la ferme à compter du 1er. Juillet 1821.*

NATURE des OBJETS	TARIF des REMISES.	QUANTITÉ présumée des objets sur lesquels il aura la remise.	MONTANT de cette remise pour chaque objet.	MONTANT approximatif de ce que le propriétaire doit retirer pour son compte.	OBSERVATIONS.
	centimes.	d'hect.	francs.	francs.	
Froment.	15	600 ¼	90	2400	La remise est fixée par quart d'hectolitre vendu, pour chaque nature de grain.
Seigle..	15	1000 ¼	150	2000	J'ai établi la même remise pour les seigles que pour les fromens, parce que je préfère pendant quelques années fumer à seigle; je fume moins fort, par conséquent je fume plus d'arpens et j'aurai plus de paille, ce qui est mon premier besoin pour les bestiaux.
Orge.	10	400 ¼	40	600	
Avoine.	10	2000 ¼	200	2500	J'ai fixé la même remise pour l'avoine que pour l'orge, parce qu'il doit s'en faire une grande consommation pour les chevaux et moutons, et j'espère que par ce moyen on cherchera à mettre de l'économie dans cette dépense.
Sainfoin.	25	arpens. 100	25	»	Cette partie était très-négligée: j'ai fixé un droit sur le nombre d'arpens cultivés seulement, parce que si je parviens à avoir 100 arpens de bon sainfoin, je vendrai mes prés au commerce; je vendrai aussi de la graine de sainfoin, et pourtant mes bestiaux seront mieux nourris.
Pommes de terre. .	5	d'hect. 3000 ¼	150	»	A-peu-près par le même motif. Le tarif est fixé par quart d'hecto-litre récolté.
Bêtes à laine et laine	25	bêtes. 600	150	Laine.. . . . 7200 Bêtes de rebut et beliers. 4000	Quand le troupeau sera de 1000 grosses bêtes, le maître Jacques recevra 50 centimes par bête. La remise est calculée par tête de bête existante au moment de l'inspection.
Agneaux et agnelles	50	400	200	Laine. . . 800	La remise est plus forte pour les agneaux; ils demandent plus de soins et sont l'espoir du cultivateur.
Produits divers. .	le 10e.	d'hect. 1000 ¼	100	1000	Cette forte remise, accordée sur les produits divers, engagera à surveiller les poulains, veaux et volailles, et les autres grains que l'on voudrait encore cultiver.
			f. 1105	f. 20500	

INSTRUCTION *pour le* registre journalier, *que le fermier doit tenir jour par jour pour chaque objet.*

Ce registre contient douze feuilles pour les douze mois :

Sur chaque feuille il y a tous les articles du grand compte général avec les mêmes numéros, afin de faciliter la transcription des articles du registre journalier sur les états de mois ou sur le grand compte.

Voulant faire tenir tous les articles sur la même feuille, afin que le fermier n'ait pas à feuilleter pour chercher l'article à coucher sur son registre journalier, j'ai dû prendre un registre dans la forme de celui que j'emploie.

Chaque colonne d'objets a les 31 cases pour enregistrer les opérations journalières du mois.

A la fin du mois, on totalisera les 31 jours et l'on aura le résultat des opérations du mois.

Ce résultat sera porté, ou sur l'état de mois si le propriétaire est éloigné et désire connaître ses opérations chaque mois, ou dans les 12 colonnes du grand compte général, pour avoir le compte de l'année divisé mois par mois et totalisé à la colonne 16e. de ce grand compte.

On pensera peut-être à la première inspection de cet état, qui est extrêmement détaillé, qu'il aurait besoin de l'être davantage, par exemple: article 2, *arpens labourés*, on se demandera pour quelle semence, et à l'article 3, *arpens semés*, quelle espèce de grains; on répond: L'état est un état journalier; ainsi quiconque a la moindre notion de l'agriculture saura, en voyant le mois où sont faits les labours ou les semences, que c'est pour tel objet qu'on a labouré, et que c'est tel grain qu'on a semé; d'ailleurs le jour où on laboure et le jour où l'on sème, on peut enregistrer, par abréviation, 2 arpens pour blé, 10 boisseaux de seigle. Cette observation s'applique encore à plusieurs autres articles; néanmoins on ne se dissimule pas qu'il faut un peu d'intelligence et d'habitude pour exécuter ce qui est prescrit: au reste tous les cultivateurs à qui j'ai communiqué cet état l'ont parfaitement compris, et mes maîtres-jacques le remplissent exactement et sans peine.

Si l'on est effrayé de la quantité d'articles qui sont sur le registre du fermier, on peut supprimer sur chaque mois les objets dont on sait d'avance n'avoir pas à s'occuper; ainsi, par exemple, on peut en général retrancher en janvier, février, etc., tout ce qui a rapport aux récoltes; car il est constant qu'en hiver on ne récolte rien; si l'on veut ne rien supprimer, on peut, pour éviter la confusion, bâtonner tous les mois les articles dont on ne s'occupera pas.

J'ai pensé aussi que pour rendre l'état moins confus, il fallait que les lignes fussent rayées plus fort de quatre en quatre.

A présent, pour rendre encore plus clair ce que j'ai dit, je vais donner un exemple et suivre le même numéro sur tous les états, afin de faire l'application de l'ordre.

Je suppose que vous vouliez connaître tont ce qui a eu lieu au sujet du battage du seigle, portez-vous au n°. 16 du registre journalier, vous y verrez ce qu'on a fait chaque jour pendant le mois, au n°. 16, sur l'état n°. 2, que le régisseur envoie au propriétaire s'il est absent ou désire connaître sa situation. Vous verrez ce qui a été fait dans le mois; au n°. 16 sur le grand état n°. 3, vous apprendrez ce qui a eu lieu pendant les 12 mois; à la table ou l'état n°. 4, au titre seigle : cette table indique toutes les opérations sur le grain, et on y trouve le n°. 16; enfin au n°. 16, sur le compte de cinq années, on voit ce qui s'est passé pendant cinq ans : quand on aura bien appliqué cet exemple, on connaîtra le mécanisme du travail, et l'on pourra le vérifier et établir facilement le sien pour son exploitation.

Actuellement ces états sont-ils difficiles à remplir? Je vais vous prouver que non. Le maître Jacques sur son état n'a que quelques chiffres à écrire tous les soirs et sur peu d'articles seulement, et le régisseur ou le propriétaire n'a qu'à porter les totaux du registre du maître Jacques sur les autres états qu'ils doivent tenir; ce qui ne leur prendra pas deux heures tous les mois : or, si avec ce peu de temps on peut à la fin de l'année bien connaître tout ce qui a rapport à son exploitation, ne doit-on pas suivre l'ordre que j'indique? J'en appelle à tous ceux qui font valoir; les renseignemens qu'ils demandent à leurs gérans ne leur prennent-ils pas plus de temps? Sont-ils aussi exacts et les mettent-ils à même de se rendre compte de tout comme je le fais?....

REGISTRE JOURNALIER.

Désignat. des Objets	N° d'ordre	Détail des Objets	1	2	3	4	5	6	7	8	9	10	11	12	13	14	15	16	17	18	19	20	21	22	23	24	25	26	27	28	29	30	31	Total du Mois	Observations qui doivent... annul... prix des ventes...
État n°.1. Terres fumées et labourées	1	Quantité d'arpens fumés																																		Nota. Je ne doute... trop rempli que cette feuille doit être remplie tous les mois en ... précédente... états de la N°. ... donne ... sur l'État de récolte N°. ... et le produit ... qu'il soit loin de la ... ferme.
	2	Idem d'arpens labourés														3 br	1	2	2							2										arp 10	
État n°.2. Arpens semés	3	Arpens semés																																		
État n°.3. Bois semés	4	Quantité de bois, rentrés																																		
État n°.4. Trav. d'agric.	5	Hersé, roulé, butté, fauché																																		
État n°.5.	6	Quantité de nombre de seigle																																		
	7	Idem de blé																																		
	8	voitures d'orge																																		
	9	Idem d'avoine																																		
Grains et fourrages rentrés	10	Id. de sarrasin																																		
	11	Chenevis																																		
	12	Boisseaux de p. de terre																																		
	13	Id. de navette																																		
	14	Id. de lentilles																																		
	15	Bottes de bois, sainfoin et trèfle																																		
État n°.6.	16	Quantité de boiss. de seigle													7		bx 14	12	14	14	12	14	»	15	12										bx 105	
	17	Idem de blé																							bx 9	8	11	11	10	11	11				bx 71	
	18	Idem d'orge	bx 17	8	10	10	»	16	19	18	16	17	20	»	19	18																		bx 186	
	19	Idem d'avoine						bx 30	24	28	24	30	30	»	30	30									28	26	30	30	30					bx 370	
Grains battus	20	Id. de sarrasin													bx 15	12	15	15	15	13	»	15	12	16	14	6	24	»	8						bx 178	
	21	Id. de navette																																		
	22	Id. de lentilles																																		
	23	Id. de chenevis																																		
	24	Id. de sainfoin																																		
	25	Idem de trèfle																																		
	26	Bottes de litière rentrées l'hiver	bx 15	15	20	20	20	15	15	20	20	20	20	20	20	20	20	22	20	20	20	20	20	22	20	10	20	20	20	20	20	20	22	bott 500	
	27	Bottes de litière dern. saison, l'été																																		
État n°.7.	28	Quantité de boiss. de seigle																																		
	29	Idem de blé												bx 5																					4 bx de tous	Vendu 8 fr.
	30	Idem d'orge																bx 6																	bx 6	il. 5 fr. 70 c.
	31	Idem d'avoine																																	bx 6	
	32	Id. de sarrasin																																		
Grains vendus	33	Idem de pommes de terre																bx 5																	bx 5	id. 5 fr.
	34	Id. de navette																																		
	35	Id. de chenevis																																		
	36	Id. de lentilles																																		
	37	Id. de sainfoin																																		
	38	Idem de trèfle																																		
État n°.8.	39	Id. de bois, don. gris aux manouvriers																																		
	40	Id. de blé																																		
	41	Idem de seigle aux batteurs																																		
	42	Id. de blé																																		
Grains livrés	43	Idem d'orge																																		
	44	Id. d'avoine																																		
	45	Id. de sarrasin		»																																
	46	Id. d'orge qui garde pour les chiens	bx 4																																bx 4	
	47	Id. d'orge pour les pigeons						bx 3																											bx 4	
	48	Id. de sarrasin pour les pigeons																				bx 5													bx 5	
État n°.9.	49	Quantité de pintes de lait	pint 5	5	5	4	4	4	4	4	4	4	4	4	4	4	4	4	4	4	4	4	4	4	4	4	4	4	4	4	4	4	4	pintes 127	
	50	livr. de beurre	liv. »																															liv. 12	
Produit de la basse cour	51	de fromage	fro »																															from. 14	
	52	de dou. d'œufs																																		
	53	de poulets																																		
	54	de liv. de lard																			liv. 13p														liv. 15p	

Décembre 1819.

Days 1–16:

État	N°	Détail des Objets	1	2	3	4	5	6	7	8	9	10	11	12	13	14	15	16
État n°. 10	55	Quantité de boîtes de beurre pa Mer.																
	56	Nombre de gens attachés à la ferme.	11 pers.	6 bett														
	57	Quantité de beurre envoyé au moulin.								bx 8								
Produit de la basse-cour consommé pour la ferme.	58	Livres de lard.	liv 4	4	»	»	3	4	4	4	4	»	4	4	4	4	4	4
	59	Id. de beurre.	liv 1/2	1/2	1/2	1/2	1/2	1/2	1/2	1/2	1/2	1/2	»	1/2	1/2	1/2	1/2	1/2
	60	Douz. d'œufs.			dou. 2	2				1	1				1/2			
	61	Pintes de lait.	pin. 4				4				4							4
	62	Fromages.	fro. 1	1	1	1	1	1	1	1	1	1	1	»	»	1	»	»
	63	Livres de sel.	liv 2/3	2/3	2/3	2/3	2/3	2/3	2/3	2/3	2/3	2/3	2/3	2/3	2/3	2/3	2/3	2/3
	64	Boisseaux de pois.																
	65	Id. de haricots.																
	66	Id. de pommes de terre.																
État n°. 11	67	Quantité de liv. de beurre.																
	68	Douz. d'œufs.																
	69	Poulets ou din.																
Produit de la basse-cour vendu ou livré au propriétaire.	70	Livres de porc.																
	71	Moutons.																
	72	Béliers.																
	73	Brebis.																
	74	Agneaux.																
	75	Livres de laine.																
	76	Veaux.																
	77	Vaches.																
	78	Chevaux.																
État n°. 12	79	Quantité de bottes de paille pour les animaux.	60	60	120	90	90	60	90	90	90	120	90	90	120	120	90	90
	80	Id. de foin.											30	30			32	»
	81	Quarts d'hectolitres et pommes de terre.																
	82	Id. d'avoine.							bx 1/4	1/4	1/4	1/4	1/4	1/4	1/4	1/3	1/4	1/4
Consommation en fourrages et grains.	83	Bottes de paille pour y chevaux.	bx 8	8	8	8	8	8	4	4	4	4	4	4	4	4	4	4
	84	Id. de foin.	bx 10	10	10	14	10	10	14	14	14	14	15	14	14	14	14	14
	85	Paille hachée.																
	86	Quarts d'hectolitres d'avoine.	bx 2	2	2	2	2	2	2	2	2	2	2	2	2	2	2	2
	87	Bottes de paille pour 5 vaches.	bx 6	6	6	5	5	5	5	5	5	5	5	5	5	5	5	5
	88	Id. de gros foin.	»	»	1	1	1	1	1	1	1	1	1	1	1	1	1	1
	89	Grenaille pour 105 poules etc.				bx 1/2				bx 1/2			1/2				1/2	
	90	Boisseau de son pour 4 cochons.	bx 1	1	1	1	1	1	1	1	1	1	1	1	1	1	1	1
État n°. 13	91	Bêtes mortes.								breb				1 mout				
État n°. 14	92	Force des troupeaux.	409															
	93	Agneaux et Agnelles nées.						1		1			1	1	1	1	1	1
État n°. 15	94	Contributions.																
	95	Dépenses diverses.																
	96	Location de herses.																
	97	Gens de journ.																
	98	Faucheurs à prix d'argent.																
Ventes, recettes, dépenses diverses.	99	Charron.																
	100	Bourrelier.																
	101	Maréchal.																
	102	Traitement du maître Jacques.																
	103	Traitement des domestiques et filles.																
	104	Id. des bergers.																
	105	Gratifications des gens.																
	106	Travaux hors la ferme.																

Days 17–31, with monthly totals and observations:

N°	Détail des Objets	17	18	19	20	21	22	23	24	25	26	27	28	29	30	31	Total du Mois	Observations (qui doivent contenir aussi les prix des ventes, etc.)
55	Quantité de boîtes de beurre pa Mer.																	
56	Nombre de gens attachés à la ferme.																1 per 6 bett	
57	Quantité de beurre envoyé au moulin.	8							8							7	bx 31	de 78 livres chaque
58	Livres de lard.	»	4	5	4	3	5	5	»	3	3	4	4	4	3	»	liv 93	
59	Id. de beurre.	»	1/2	1/2	1/2	1/2	1/2	1/2	1/2	»	1/2	1/2	1/2	1/2	1/2	1/2	liv 14	
60	Douz. d'œufs.		2		1 1/2				1				1			1	douz 13	
61	Pintes de lait.					4			4				4		2	4	pintes 34	
62	Fromages.	1	»	»	»	1	1	1	1	1	1	1	1	»	»	1	from. 23	
63	Livres de sel.	2/3	2/3	2/3	2/3	2/3	2/3	2/3	2/3	2/3	2/3	2/3	2/3	2/3	2/3	2/3	liv 2/3	
64	Boisseaux de pois.																	
65	Id. de haricots.																	
66	Id. de pommes de terre.																	
67	Quantité de liv. de beurre.																	
68	Douz. d'œufs.																	
69	Poulets ou din.														8		poulets 8	Vendus 6 f 40 c.
70	Livres de porc.																	
71	Moutons.																	
72	Béliers.																	
73	Brebis.																	
74	Agneaux.																	
75	Livres de laine.																	
76	Veaux.																	
77	Vaches.																	
78	Chevaux.																	
79	Quantité de bottes de paille pour les animaux.	90	90	60	90	90	60	90	60	60	60	90	90	90	90	90	bottes 2670	
80	Id. de foin.	32	5	34	34	4	34	34	24	36	36	36	36	6	36	36	bottes 305	
81	Quarts d'hectolitres et pommes de terre.																	
82	Id. d'avoine.	1/3	1/4	1/4	1/4	1/4	1/2	1/2	1/2	1/2	1	1	1	1	2	1/2	bx 14	
83	Bottes de paille pour y chevaux.	4	4	4	4	8	8	8	8	8	8	8	8	8	8	8	bottes 188	
84	Id. de foin.	14	14	14	14	14	14	10	10	10	10	10	10	10	10	10	bottes 304	
85	Paille hachée.																	
86	Quarts d'hectolitres d'avoine.	2	2	2	2	2	2	2	2	2	2	2	2	2	2	2	bx 62	
87	Bottes de paille pour 5 vaches.	5	5	5	5	5	5	5	5	5	5	5	5	5	5	5	bottes 158	
88	Id. de gros foin.	1	1	1	1	1	1	1	1	1	1	1	1	1	1	1	bottes 28	
89	Grenaille pour 105 poules etc.				1/2				1				1	»		1/2	bx 5	
90	Boisseau de son pour 4 cochons.	1	1	1	1	1	1	1	1	1	1	1	1	1	1	1	bx 31	
91	Bêtes mortes.				breb							ah	6 agn			breb	bêtes 10	À la fin du mois on ajoutera le supplément et on y déduira les têtes mortes, afin que l'on sache la situation réelle du troupeau.
92	Force des troupeaux.																bêtes 703	
93	Agneaux et Agnelles nées.	1	1	1	2	2	10		9 7	4 6	8 7	5 10	5 1	5 1		1	62 1/4	Cet article devra être distribué nommément sur le côté de la livre où l'on aura un aperçu.
94	Contributions.																»	
95	Dépenses diverses.																62	
96	Location de herses.																»	
97	Gens de journ.																	
98	Faucheurs à prix d'argent.																	
99	Charron.																	
100	Bourrelier.															30	30	
101	Maréchal.																	
102	Traitement du maître Jacques.																»	
103	Traitement des domestiques et filles.															137	137	
104	Id. des bergers.																»	
105	Gratifications des gens.																	
106	Travaux hors la ferme.																	

INSTRUCTION *explicative pour la rédaction de l'état de situation de chaque mois.*

On suppose, ce qui doit exister en agriculture comme en toute autre branche d'industrie, que l'on tient un registre des travaux et des principales opérations.

Ce registre sera plus ou moins détaillé suivant que l'on veut connaître plus ou moins d'objets.

A la fin du mois on totalisera chacun des articles du registre journalier, et on portera le total sur l'état de mois dont le modèle est ci-après.

On a adopté ce modèle parce qu'il fallait qu'un état de cette nature fût simple et clair, et qu'il présentât au premier coup d'œil des détails et des résultats positifs.

Quand on aura inscrit dans les colonnes et sur les petits états les totaux du registre, on aura sur l'état de mois l'ensemble de l'exploitation pendant le mois ; on fera la même opération chaque mois, en ayant soin de porter sur les premières lignes de chaque petit état les opérations du mois, et sur les secondes lignes intitulées *antérieurement*, ce qui existe au total des mois précédens, on totalisera les deux colonnes et on aura toujours la situation du mois sur la première ligne, la situation des mois antérieurs sur la seconde, et au total la situation de tous ces mois réunis.

Je ne crois pas que cet état ait besoin d'autres explications ; il les porte avec lui et l'exemple qu'il comporte fait assez connaître l'ordre à suivre.

ÉTAT n°. 2.

EXPLOITATION DE LA FERME *d*

ÉTAT DE SITUATION, au 31 décembre 1819, de la ferme *d*

Divers États contenant le relevé exact des totaux de tous les articles du registre journalier du fermier, pour le mois de

Quantité d'arpens de terre fumés et labourés. No. 1. ... 2.

ÉTAT N°. 1.

	Seigle	Nomb de voitures.	Blé.	Nomb de voitures.	Sarrasin.	Nomb de voitures.	Pomme de terre.	Nomb de voitures.	Sainfoin et Trèfle.	Nomb de voitures.		Quantité d'arpens labourés.
En décem. 1819	»	»	»	»	»	»	»	»	»	»	»	10
Antérieurement	»	»	11	140	»	»	»	»	»	»	»	166
Totaux.	»	»	11	140	»	»	»	»	»	»	»	176

Arpens semés. No. 3.

ÉTAT N°. 2.

	Seigle	Blé.	Orge.	avoine.	Sarrasin.	Pomme de terre.	Navette.	Chenevis.	Lentilles.	Sainfoin.	Trèfle.
En décem. 1819	»	»	»	»	»	»	»	»	»	»	»
Antérieurement	104	12	»	»	»	»	»	»	24	20	»
Totaux.	104	12	»	»	»	»	»	»	24	20	»

Quantités de boisseaux semés. No. 4.

ÉTAT N°. 3.

	Seigle	Blé.	Orge.	avoine.	Sarrasin.	Pomme de terre.	Navette.	Chenevis.	Lentilles.	Sainfoin.	Trèfle.
En décem. 1819	»	»	»	»	»	»	»	»	»	»	»
Antérieurement	408	54	»	»	»	»	»	»	11	117	»
Totaux.	408	54	»	»	»	»	»	»	11	117	»

Travaux d'agriculture. No. 5.

ÉTAT N°. 4.

	Hersé	Roulé.	Battu.	Echardonné	fauché	Fancillé.	Pré fauché	Bois coupé.	Bois rentré			
En décem. 1819												
Antérieurement												
Totaux.												

Grains et fourrages rentrés. 6. 7. 8. 9. 10. 11. 12. 13. 14. 15.

ÉTAT N°. 5.

	En nombre		En Voitures							En bottes de		
	Seigle	Blé.	Orge.	avoine	Sarrasin.	Chenevis.	Pomme de terre.	Navette.	Lentilles.	Foin.	Sainfoin.	Trèfle
En décem. 1819	»	»	»	»	»	»	»	»	»	»	»	»
Antérieurement	1320	255	16	42	10	1	5	1	1	5600	»	»
Totaux.	1320	255	16	42	10	1	5	1	1	5600	»	»

Grains battus. 16. 17. 18. 19. 20. 21. 22. 23. 24. 25. 26. 27.

ÉTAT N°. 6.

	Seigle	Blé.	Orge.	avoine	Sarrasin.	Navette.	Lentilles.	Chenevis.	Sainfoin.	Trèfle	Bottes de litier relevées l'hiver	Bottes de litier consommées l'été.
En décem. 1819	105	71	186	370	178	»	»	»	»	»	590	»
Antérieurement	893	451	236	815	10	23	11	14	»	»	315	1145
Totaux.	998	522	422	1185	188	23	11	14	»	»	905	1145

Grains vendus. 28. 29. 30. 31. 32. 33. 34. 35. 36. 37. 38.

ÉTAT N°. 7.

	Seigle	Blé.	Orge.	avoine	Sarrasin.	Pomme de terre.	Navette.	Chenevis.	Lentilles.	Sainfoin.	Trèfle	
En décem. 1819	»	4	6	»	5	»	»	»	»	»	»	
Antérieurement	»	»	»	»	»	»	10	»	»	»	»	
Totaux.	»	4	6	»	5	»	10	»	»	»	»	

Graines livrées. 39. 40. 41. 42. 43. 44. 45. 46. 47. 48.

ÉTAT N°. 8.

	Moissonneurs		Batteurs					Orge pour les chiens.	Orge pour les pigeon.	Sarrasin pour les pigeon.
	Seigle	Blé.	Seigle	Blé.	Orge.	avoine.	Sarrasin.			
En décem. 1819	»	»	5	5	2	8	9	4	5	5
Antérieurement	110	23	16	14 ½	5	9	»	16	11	1
Totaux.	110	23	21	19 ½	7	17	9	20	16	6

Produit brut de la basse-cour et du jardin. 49. 50. 51. 52. 53. 54. 55.

ÉTAT N°. 9.

	Lait.	beurre	Fromages	OEufs	poulet	Lard.	Haricots.	Pois.	Quantité de bottes de toutes pailles.	Livres de Chanvre.
En décem. 1819	127	12	14	5	»	130	»	»		
Antérieurement	1650	116	140	161	»	275	»	»		
Totaux.	1777	128	154	166	»	405	»	»		

Produit de la basse-cour consommé par la ferme. 56. 57. 58. 59. 60. 61. 62. 63. 64. 65. 66.

ÉTAT N°. 10.

	Poids du grain envoyé au moulin.	Mouture.	lard.	beurre	OEufs	Lait.	Fromages	Sel.	Pois.	Haricots.	Pommes de terre pour gens.	Pommes de terre pour bêtes.
En décem. 1819	»	92	14	13	34	25	20	»	»	»	»	»
Antérieurement	»	393	106	143	331	160	102	»	»	»	»	»
Totaux.	»	485	120	156	365	185	122	»	»	»	»	»

Produit de la basse-cour vendu ou livré au Propriétaire. 67. 68. 69. 70. 71. 72. 73. 74. 75. 76. 77. 78.

ÉTAT N°. 11.

	beurre	OEufs	poulet et dindons.	Livres de Porcs.	Moutons.	beliers	brebi	Agneaux	laines	veaux	vaches	Chevaux.
En décem. 1819	»	»	8	»	»	»	»	»	»	»	»	»
Antérieurement	8	4	8	20	»	»	»	»	»	»	»	»
Totaux.	8	4	16	20	»	»	»	»	»	»	»	»

Consommation en fourrages et grains. 79. 80. 81. 82. 83. 84. 85. 86. 87. 88. 89. 90.

ÉTAT N°. 12.

	Pour les Moutons				Pour les Chevaux				P. les Vaches		Criblure pour les poules	Son pour les cochons
	Paille	Foin	Pomme de terre.	avoine	Paille	Foin	Paille hachée.	avoine	paille	Gros foin		
En décem. 1819	2670	505	»	14	188	374	»	62	158	28	15	3
Antérieurement	2760	40	5	»	666	2156	»	388	526	»	38	118
Totaux.	5430	545	5	16	854	2510	»	450	684	28	53	149

Bêtes mortes. 91.

ÉTAT N°. 13.

	brebis	Moutons	beliers	Antenois	Agneaux	Agnelles	chevaux	vaches	Cochons	poules	dindes
En décem. 1819	3	1	»	»	10	6	»	1	»	»	»
Antérieurement	3	1	»	»	3	5	1	»	»	»	»
Totaux.	6	2	»	»	13	11	1	1	»	»	»

Division des troupeaux de la ferme. 92. 93.

ÉTAT N°. 14.

	1er. Troupeau			2e. Troupeau			3e. Troupeau			4e. Troupeau		Agneaux	Agnelles
	beliers	Mères	Antenois	beliers	Mères	Antenois	beliers	Moutons	Antenois	beliers	Antenois		
En décem. 1819	»	200	59	»	101	107	78	80	»	»	»	42	56
Totaux.	»	200	59	»	101	107	78	80	»	»	»	42	56

Nota. On verra que toutes les Colonnes de ces petits États ont les mêmes numéros que ceux de la feuille du fermier; quand on aura des recettes et des dépenses en argent, on les portera aux articles de l'État qui est au dos de cette feuille.

Le mouvement des grains qui a lieu sur ces petits états se fait en quarts d'hectolit.

ÉTAT des Terres, Bestiaux, Volailles, principaux Ustensiles, etc., et des Ventes, Recettes et Dépenses, au 31 décembre 1819.

État des bestiaux et ustensiles attachés à la ferme.

NATURE des Objets	DÉTAIL des Natures de culture et autres objets	NOMBRE d'arpents et autres Objets (arp — d)	TOTAUX (arp — d)
Terres à cultiver attachées à la ferme	Blé	15 »	
	Seigle	111 »	
	Blé de mars	4 »	
	Orge	11 »	
	Lentilles	2 »	
	Avoine	102 »	
	Sarrazin	17 »	
	Sombres	155 »	
	Navettes	5 »	
	P. de terre	1 »	466 — 7
Chenevière	Chanvre	» 6	
Vergers	Jardins	3 5	
Cour	Bâtimens	2 6	
Pré	Pré	» »	
	Pré-marais	30 »	
	Sainfoin	10 »	
	Trèfle	» »	
Bois	Taillis	25 4	25 4
			492 1
Chevaux	Chevaux entier	1	
	id. hongres	»	
	Jumens	7	9
	Poulains	»	
	Pouliches	»	
Bêtes à corne	Taureaux	»	
	Vaches	5	
	Génisses	2	7
	Veaux	»	
Bêtes à laine	Beliers espagn.	78	
	Brebis id.	301	
	Moutons id.	80	
	Antenois id.	89	703
	Antenoises	107	
	Agneaux id.	42	
	Agnelles id.	56	
Volailles	Coqs	5	
	Poules	133	
	Poulets	26	
	Poulette	»	163
	Chapons	»	
	Canards	»	
	Dindes	1	
	Dindonneaux	»	
Porcs	Cochons	4	4
Principaux Ustensiles d'exploitation	Harnois compl	»	»
	Charrues	6	6
	Voitures	4	4
	Tombereaux	2	2
	Herses	4	4
	Herseaux	5	5
	Roues	4	4
	Brouettes	2	2
	Tare	1	1
	Rouleaux	2	2

VENTES, RECETTES ET DÉPENSES.

N° d'ordre du registre journalier	Désignation des Objets	Genre de dépenses, et divers objets vendus ou achetés	Quantités vendus ou achetés dans le présent mois	Recettes effectives pendant le mois de décembre (fr c)	Recettes antérieures (fr c)	TOTAL des Recettes jusqu'à ce jour (fr c)	Dépenses réelles pendant le mois de décembre (fr c)	Dépenses antérieures (fr c)	TOTAL des Dépenses jusqu'à ce jour (fr c)	OBSERVATIONS
28	Grains	Seigle	»	» »	1128 »	1128 »	» »	» »	» »	
29		Blé	4	8 »	1344 »	1352 »	» »	» »	» »	
50		Orge	6	5 70	» »	5 70	» »	» »	» »	
51		Avoine	»	» »	» »	» »	» »	» »	» »	
52		Sarrazin	5	5 »	» »	5 »	» »	» »	» »	
53		Pomm. de terre	»	» »	» »	» »	» »	» »	» »	
54		Navette	»	» »	» »	» »	» »	» »	» »	
55		Chenevis	»	» »	78 »	78 »	» »	» »	» »	
56		Lentilles	»	» »	» »	» »	» »	» »	» »	
57		Sainfoin	»	» »	» »	» »	» »	» »	» »	
58		Trèfle	»	» »	» »	» »	» »	» »	» »	
67		Beurre	»	» »	» »	» »	» »	» »	» »	
68		OEufs	»	» »	» »	» »	» »	» »	» »	
69		Poulets ou din.	8	6 40	» »	6 40	» »	» »	» »	Pour des poulets.
70		Porcs	»	» »	» »	» »	» »	» »	» »	
71	Bêtes à laine	Moutons	»	» »	» »	» »	» »	» »	» »	
72		Béliers	»	» »	» »	» »	» »	» »	» »	
73		Brebis	»	» »	» »	» »	» »	» »	» »	
74		Agneaux	»	» »	» »	» »	» »	» »	» »	
75		Laine	»	» »	» »	» »	» »	» »	» »	
76	Vaches	Veaux	»	» »	11 »	11 »	» »	» »	» »	
77		Vaches	»	» »	» »	» »	» »	» »	» »	
78	Chevaux	Chevaux	»	» »	6 »	6 »	» »	» »	» »	Pour la peau.
		Jumens	»	» »	» »	» »	» »	» »	» »	
		Poulains	»	» »	» »	» »	» »	» »	» »	
94	Frais d'exploitation	Contributions	»	» »	» »	» »	» »	» »	» »	
95		Dépenses diverses	»	» »	» »	» »	62 »	92 »	154 »	
96		Location de sentes	»	» »	» »	» »	» »	» »	» »	
97		Gens de journée	»	» »	» »	» »	» »	197 »	197 »	
98		Faucheurs à prix d'argent	»	» »	» »	» »	» »	281 »	281 »	
99		Charron	»	» »	» »	» »	» »	» »	» »	
100		Bourrelier	»	» »	» »	» »	30 »	» »	30 »	
101		Maréchal	»	» »	» »	» »	» »	» »	» »	
102		Traitement du maître jusques...	»	» »	» »	» »	» »	» »	» »	
103		Traitemens des domestiques et filles	»	» »	» »	» »	137 »	231 »	368 »	
104		id. des bergers	»	» »	» »	» »	» »	76 »	76 »	
105		Gratificat. des gens	»	» »	» »	» »	» »	32 »	32 »	
106		Travaux hors la ferme	»	» »	» »	» »	» »	» »	» »	
		Charpentier	»	» »	» »	» »	39 »	16 »	55 »	
				25 10	2529 »	2554 10	268 »	925 »	1193 »	

Observations : On voit sur le côté de cet état une petite colonne intitulée, N°. du registre journalier, quelques-uns de ces numéros sont les mêmes que ceux portés aux petits États ci-derrière, mais ils sont répétés afin que lorsque le compte est établi de l'autre côté, eu égard aux objets vendus ou inscrits au registre du fermier, on puisse au moyen de ces numéros d'ordre établir sur ce compte en argent... doit toujours être à jour... compte en nature.

Certifié véritable, Le Régisseur.

RÉFLEXIONS *sur le Tableau du* Grand Compte général *d'une Exploitation.*

Ce tableau n'est autre chose que le relevé mois par mois des états de situation ou du registre journalier; chaque mois, on enregistre les opérations et travaux à chaque article du compte général: la 16e. colonne donne le total de toutes les opérations de l'année; la 17e. présente des calculs, année commune, et la 18e. comprend les résultats et les calculs relatifs aux travaux, recettes et dépenses pour chaque article.

Les avantages de ce tableau consistent à avoir constamment sous les yeux, sans qu'il soit nécessaire de feuilleter des registres, un résultat général et exact, soit par mois, soit par année: en conservant ces comptes, on peut comparer en un instant les opérations de chaque mois et celles de toutes les années d'exploitation. On voit les travaux qu'on fait tous les ans dans le mois où l'on est, et par comparaison ceux qu'on doit faire dans le mois où l'on va entrer.

On éveille l'attention du fermier, on stimule son zèle, on prend toutes les mesures de prévoyance, et souvent l'on fait exécuter des travaux que le fermier sur les lieux oublie lui-même, entraîné par d'autres occupations.

Enfin l'on connaît le détail et l'ensemble de son exploitation, et de son cabinet on peut ordonner telle amélioration que l'on juge convenable et tourner son industrie vers le point qui réussit le mieux.

On m'objectera sans doute que tous les mois de chaque année ne se ressemblent pas; c'est principalement en cela que ce grand compte général est utile, puisqu'il met à même de demander des explications sur des dépenses et des consommations qui paraissent extraordinaires: les réponses des agens font juger et de leur capacité et de leur intégrité.

Tout ce qui a rapport aux fournisseurs, tels que charron, maréchal, etc., indique les sommes qui leur sont payées: ordinairement on est abonné avec eux; dans le cas contraire, ils fournissent des mémoires, et l'on peut y voir les divers objets qu'ils ont fournis.

Pour la clarté du registre journalier, de l'état de mois et du grand compte général de l'année, j'ai conservé, comme je l'ai déjà dit plusieurs fois, le même ordre de numéros afin de faciliter les recherches et l'inspection de chaque article.

Je fais commencer mon grand compte du 1er. juillet; c'est à cette époque qu'on fait les premières récoltes: je l'arrête au 1er. juillet de l'année suivante; c'est à cette époque que les granges et greniers sont vides.

EXPLICATION des 23 colonnes composant la tête de l'état du Grand Compte général d'exploitation.

1re. colonne. *Désignation des objets* : Réunit sous un titre plus général ce qui est traité sous plusieurs numéros.

2e. *Numéros d'ordre* : Rend les citations plus claires, plus précises, et facilite les recherches.

3e. *Détail des objets* : Indique l'objet traité sous chaque numéro.

4e. à la 15e. Établissent ce qui a eu lieu chaque mois en recettes, dépenses, travaux, etc. ; ces colonnes prises en long de l'état marquent ce qui s'est fait pendant chaque mois sur chaque objet en particulier, et sur tout en général, et, prises en travers de l'état, marquent ce qui a été fait pendant les 12 mois, sur chaque objet seulement.

16e. *Total des objets susceptibles d'être totalisés* : Présente l'ensemble de ce qui a été fait dans les 12 mois pour chaque objet ; on y a joint quelques renseignemens tendant à faciliter les calculs que l'on voudrait faire sur les articles de cet état.

17e. *Calculs sur tous les objets, année commune* : Donne une base pour comparer et juger si l'année écoulée a été au-dessus ou au-dessous de l'année commune.

18e. *Calculs sur tous les objets pour l'année dont on rend compte* : Établit le résultat positif avec les calculs, les dépenses, produits ou travaux de l'année ; ces calculs, comparés à ceux de la colonne ci-dessus, fixent l'opinion sur toutes les opérations.

19e. *Observations* : Renferme des observations utiles, mais que l'on se dispensera de répéter dans les comptes suivans ; il était nécessaire d'en faire mention dans le premier compte de gestion, parce qu'elles établissent des faits ; mais ces faits une fois connus, il est inutile de les répéter. Le compte actuel peut être considéré comme un tarif, dans lequel on appliquera tout ce qui se fera les années suivantes ; il pourra même dispenser de faire d'autres comptes à l'avenir, et le propriétaire qui aura trop d'occupation, pourra se borner à un cahier d'observations sur lequel il indiquera les différences qu'il remarquera entre ses états de mois et son tarif ou grand compte, une fois qu'il l'aura établi.

20 et 21e. *Recettes et dépenses positives* : Ne comprennent que l'argent réellement reçu et réellement dépensé.

22 et 23e. Ces colonnes présentent toutes les recettes ou dépenses susceptibles d'être évaluées ; afin de connaître la recette et la dépense brutes : plusieurs articles paraîtront avoir été omis ; mais ils se trouvent compris sous d'autres numéros, et auraient fait un double emploi.

Je ne porte en recettes et dépenses réelles que les objets vendus, les objets achetés et tout ce qui a nécessité un déboursé.

J'ai compris dans les recettes et dépenses fictives tous les produits et toutes les consommations, en évitant d'évaluer plusieurs fois les mêmes produits et les mêmes consommations.

Si l'on veut connaître les recettes brutes, on réunira les deux colonnes de recettes, et pour connaître les dépenses brutes, on réunira les deux colonnes de dépenses.

GRAND COMPTE GÉNÉRAL

D'UNE EXPLOITATION.

Du 1er. juillet 1819 au 1er. juillet 1820.

TABLEAU renfermant les principaux objets d'une exploitat[ion]

Colonnes numérotées : 1. 2. 3. 4. 5. 6. 7. 8. 9. 10. 11. 12. 13. 14. 15. 16.

En-tête de groupe sur les colonnes mensuelles : **Recettes, Dépenses, Produits et Travaux qui ont eu lieu en**

Désignation des Objets	N°s d'ord.	Détail des Objets	Juillet.	Août.	Septem.	Octobre.	Novem.	Décem.	Janvier.	Février.	Mars.	Avril.	Mai.	Juin.	Total ... d'être to[tal]
État N°. 1. Terres fumées et labourées.	1	Quantité d'arpens fumés.	»	»	»	Blé 6 arpens 80 voit.	Blé 5 arp. 60 voit.	»	Seigle 2 arp. 20 voit.	P. de terre 4 arp. 68 voit. 8 dans le jardin.	Jardin. 4 voit.	Seigle 1 arp. 12 voit. jardin 1 voit.	Seigle 4 ½ 45 voit. sarrazin 3 arpens 30 voit.	Seigle 4 ½ 55 voit. sarrazin 4 arp. 45 voit.	408 voit.
	2	Quantité d'arpens labourés.	»	94	36	»	36	10	»	Seigle et blé 116 orge et avoine 154	181	108	»	»	Tous les labours sont montés
État N°. 2. Arpens semés.	3	Arpens semés.	»	80 seigle. 20 sainfoin	24 seigle, 1 ½ lentilles	5 blé. 1 ½ lentilles	7 blé.	»	»	6 avoine.	68 avoine. 4 blé de mars.	9 orge. 45 avoi. 4 nav. 10 p. de t. 10 trèfle	2 navett. 2 sarra.	18 sarra.	seigle... blé... avoine... orge... sarrazin... sainfoin...
État N°. 3. Boisseaux semés.	4	Boisseaux semés.	»	312 seigle. 117 sainfoin	96 seigle. 6 lentilles	22 blé. 5 lentilles	32 blé.	»	»	29 avoine. 6 trèfle.	277 avoine. 16 blé.	47 orge. 183 avo. 10 pintes navette 340 pom de terre	3 Sarra. 4 pintes de nav.	27 sarra.	Quarts d'hect[olitre] seigle... 408 blé... 70... avoine... orge... sarrazin...
État N°. 4.	5	Hersé, roulé, butté, fauché.	»	»	»	»	»	»	»	»	»	»	»	»	
	6	Nombre de seigle récolté sur 111 arpens.	1,120	»	»	»	»	»	»	»	»	»	»	»	1320 Nombre de gerbes de 11 à ?
	7	Nombre de blé pour 17 arpens.	100	155	»	»	»	»	»	»	»	»	»	»	255 Nombre de gerbes de 11 à 1?
	8	Voitures d'orge pour 11 arpens.	»	16	»	3	»	»	»	»	»	»	»	»	16 voit.
	9	Voitures d'avoine pour 102 arpens.	»	3	39	»	»	»	»	»	»	»	»	»	42 voit.
Travaux d'agriculture	10	Voitures de sarrazin pour 17 arpens.	»	»	»	»	10	»	»	»	»	»	»	»	10 voit.
	11	Voitures de chenevis pour 6 denrées.	»	»	1	»	»	»	»	»	»	»	»	»	1 voit.
	12	Voitures de pommes de terre pour 2 arpens.	»	»	»	5	»	»	»	»	»	»	»	»	5 voit.
	13	Boisseaux de navette pour 3 arpens.	1 voit.	»	»	»	»	»	»	»	»	»	»	»	1 voit.
	14	Boisseaux de lentilles pour 2 arpens.	»	1 voit.	»	»	»	»	»	»	»	»	»	»	1 voit.
	15	Bottes de foin pour 30 arpens. Sainfoin. Trèfle.	2,600	»	250 regain.	600	150	»	750	3121	500	700	»	550	9221 bottes
État N°. 5.	16	Boisseaux de seigle battu.	»	427	276	96	94	105	329	473	266	18	»	»	2084 bois.
	17	Boisseaux de blé.	»	»	9	138	89	71	187	47	»	»	»	»	541 bois.

avec ses produits, ses dépenses et les travaux à exécuter mois par mois.

17. CALCUL sur les Objets année commune.	18. CALCUL sur les mêmes objets pour l'année dont on rend compte.	19. *Nota.* L'arpent a 640 perches, la perche 8 pieds 4 pouces, la denrée est le 8e. de l'arpent, l'arpent équivaut à 6 ares 90 cent. — OBSERVATIONS. — *Nota.* Le boisseau équivaut au quart d'hectolitre.	20. RECETTES ET DÉPENSES POSITIVES — Recette	21. Dépen.	22. ÉVALUATION des Recettes et Dépenses tant réelles que fictives — Recett.	23. Dépen.
On met douze voitures par arpent.	On a mis 12 voitures par arpent.	1 cheval donne 10 voit. les 9 chevaux ont donné 90 voit. 1 vache. . . .10 les 7 vaches. . . . . . 70 3 moutons. . . 1 les 703 moutons . . . . 234 — Voitures à 3 chevaux. . . 394. — Les 14 voitures qui sont en plus proviennent des pailles étendues dans les cours. — J'ai porté les pailles en produit, je porte les fumiers en dépense à 5 fr. la voiture de 3 chevaux, ci . . . . Une bête à laine fertilise 10 pieds carrés par parc, 100 bêtes fertilisent 1 arpent en 30 parcs, *suivant Daubenton.*	»	»	»	2,040
On donne à seigle. . . 3 labours blé. . . . 4 orge . . . 3 avoine. . . 2 sarrazin . . 2 p. de terre. 3	Seigle 104 arp. à 3 lab. . . 31 Blé 12 à 4. . . . 48 Orge 9 à 3. . . . 27 Avoine 119 à 2. . . 238 Sarrazin 20 à 2. . . 40 P. de ter. 10 à 3. . . 30 — TOTAL . . . 695	On a fait 735 labours, les terres bien cultivées n'en comportaient que 695 ; les 40 labours de surplus ont eu lieu pour des cultures particulières et non portées sur les états, n'étant que de simples essais. Les 735 labours à 4 fr. chaque. Nos terres sont calcaires dans la plaine, on peut labourer presqu'en tout te rps, elles ne retiennent pas l'eau, pourtant si elles étaient couvertes de neige ou trop humides il faudrait attendre.	»	»	»	2,940
La ferme se compose de 1 arp. de terre. . 430 pré marais. . . . 30 . . . marais . . . . . . dins, bâtim. etc. . 7,3 Total . . . 492,3	On voit que la ferme est de 430 arp. de terre labourable et qu'on a semé 315 arp. dont 40 dans les jachères.	L'assolement n'était pas bien réglé; il sera en 1821 de la manière suiv.: seigle et from. 113 ; 430 arp. total orge, avoine, sarrazin 113 des terres en saint., trèfle. p. de ter. 204 labours. — Cet assolement sera divisé en plusieurs, selon la durée du sainfoin. On voit que je supprime entièrement plus les jachères, j'aurai par conséquent plus de fourrages et de meilleures récoltes. Mes semences s'enterrent à la charrue, mais j'ai adopté une espèce de charrue qui tient le milieu entre la herse de Brie et la charrue de Champagne ; j'espère que cette charrue à plusieurs socs fera l'ouvrage de quatre.	»	»	»	»
On sème par arpent [fine seed list partly illegible]	On a semé par arpent. [fine seed list partly illegible]	La différence qui existe entre la quantité de grains qu'on doit semer et celle semée en effet, provient de ce que les terres étant un peu meilleures, à présent on a semé un peu plus fort. On chaule les blés. Il faut bien nettoyer les grains pour semence et lorsque l'on jugera utile de changer ses semences il faudra toujours les tirer d'une terre plus maigre que la sienne. Un bon semeur sème 12 arpens par jour de chaque grain, un bon charretier en enterre 1 arpent 1/2. J'évalue toutes mes semences à.	»	»	»	2,141
»	»	Ce numéro devrait être divisé en plusieurs articles comme sur l'état du mois N°. 2, mais le travail était fait lorsqu'on s'est aperçu de cette omission. On herse ordinairement avant de semer pour nettoyer la terre et diviser les mottes, on herse toujours après avoir semé. On roule quelquefois avant de semer, mais toujours après que le grain est levé ; on peut retarder cette opération après que le grain est levé ; rouler par un temps ou les mottes peuvent être écrasées facilement. Il est indispensable de butter les pommes de terre, on emploie la charrue à nu cheval.	»	»	»	»
L'arpent doit produire 12 nombres à 2 boisseaux de 38 livres chaque, nombre à 2 f. le boisseau.	Il a donné 12 nombres 13 gerbes 1/2.	Le nombre est composé de 20 gerbes, chacune d'elles pèse 11 à 12 livres et donne 4 livres de grain, 7 livres de paille et 1 livre de paillote. Ne pas faucher le grain dans le milieu du jour à cause de la chaleur qui fatigue les hommes et égrène les épis. Une voiture à 3 chevaux chargée à 8 pieds de haut, 18 pieds de long, et contient 17 nombres ou 34 boisseaux et 119 bottes de paille de 20 livres. — La recette de la récolte est évaluée. . .	»	»	4,160	»
L'arpent doit produire 15 nombres à 2 boisseaux de o livres le nombre à 4 fr. le boisseau.	Il a donné 15 nombres.	Quand on en nombré, il ne faut pas que les épis touchent la terre ; les gerbes doivent être faites avec soin, afin que les épis ne restent pas au cul de la botte ; ramasser soigneusement avec le grand râteau les épis laissés dans les champs. — Les grains doivent être battus à la fin de mars à cause des souris. La récolte est évaluée.	»	»	1,623	»
L'arpent doit produire 1 voiture à 3 chevaux contenant environ 50 boisseaux de 30 livr. à 1 fr. 10 sous le boisseau.	Il a donné 1 voiture 1/2	Quand on sème de la prairie artificielle ou de la navette avec l'orge, il faut ramasser ce grain peu de jours après qu'il est fauché ; sans cela, si on attendait qu'il fût javelé, ce qui est sous les andins mourrait. Une bonne voiture chargée à 10 pieds de large, 10 pieds de haut et 15 pieds de long, en contient 50 boisseaux et 100 bottes de paille de 20 livres. Cette récolte est évaluée pour le grain seulement.	»	»	855	»
L'arpent doit produire une demi - voiture de 25 boisseaux de 20 livres chaque à 1 f. 25 centimes le boisseau.	Il a donné près de 3/4	On laisse toujours trop javeler l'avoine en Champagne. — Le grain et la paille en sont moins bons ; les batteurs seuls s'en trouvent bien, le grain se détache mieux au battage. — La récolte est évaluée . . .	»	»	3,025	»
L'arpent doit produire une demi - voiture de 25 boisseaux à 25 livres chaque à 25 sous le boisseau.	Il a donné 1/2 voit. 7/10.	Aussitôt que ce grain est en état d'être rentré, il faut le mettre dans la grange, sans cela les pluies qui surviennent dans la saison ou on le récolt e font tout perdre, ou bien les pigeons qui en sont gourmands en mangent beaucoup. Cette récolte et évaluée.	»	»	235	»
L'arpent doit donner 20 boisseaux à 4 fr.	Les 3/4 d'arpent ont donné 14 boisseaux.	Il produit encore 260 livres de chanvre ou 144 livres de fil, lequel tissé fera 230 aunes de toile, on aura de plus 150 livres de corde pour la ferme. — Le boisseau de chenevis donne 4 pintes d'huile, la pinte d'huile à 1 fr. L'aune de toile à 1 fr. 50 c. La livre de corde à 50 c. La pinte d'huile pèse 3 livres. Deux femmes peuvent filer 35 livres de chanvre. Le tout ensemble évalué..	»	»	56	»
L'arpent doit produire 10 nombres ombreautés de 20 boiss. chaque ou 200 boisseaux à 10 sous le boisseau de o livres.	Il a donné 50 boisseaux.	Ce légume doit être mis à couvert et sur-tout à l'abri des gelées; on voit qu'en 1820 j'en ai fait 10 arp. je viens d'en faire semer 20 arpens dans chacune de mes fermes pour être mangés par les gens, les moutons, les cochons et les volailles. Je fais usage de la charrue à biner pour les biner et d'un coupe-racine pour les faire consommer par les bestiaux. La récolte est évaluée. . . . . . . Je fais même usage de la charrue à hiver pour les arracher, cet instrument est bien préférable à la charrue ordinaire et sur-tout à la bêche. — On bine 5 arpens par jour.	»	»	50	»
L'arpent doit produire une demi-voiture ou 12 boisseaux de 40 livres à 4 f. le boisseau.	Il a donné 1/3 de voiture.	Cette récolte doit être faite avec grand soin et déposée dans des draps à fur et à mesure qu'on l'a fait; si le battage pouvait avoir lieu dans le champ, cela serait préférable et on perdrait bien moins de grain. La récolte est évaluée. . . .	»	»	92	»
L'arpent doit donner une demi - voiture de 15 boisseaux de 47 livres à 5 f. le boisseau.	Il a donné 1/2 voiture.	Ce grain et fourrage doivent être rentrés aussitôt qu'ils ont été coupés et qu'ils sont secs, la pluie les pénètre vite et fait promptement germer le grain et pourrir le fourrage. Je ne cultive les lentilles que pour la nourriture des gens. La récolte est évaluée.	»	»	55	»
L'arpent doit donner 300 bottes à 20 f. le 100 de 10 livres.	Il a donné 307 bottes.	L'herbe n'est pas de bonne qualité; je suis occupé à bonifier ce marais au moyen de fossés pour l'écoulement des eaux. La récolte est évaluée...	»	»	1,844	»
Le nombre doit donner au battage 2 boisseaux.	Il a donné un bo ss. 7/13.	Veiller avec soin à ce que les batteurs ne laissent pas de grains dans les épis, si les bottes de paille pour fourrage sont bien liées et n'ont que le poids, si le grain est livré propre pour être déposé dans le grenier. — Un bon batteur bat 15 boisseaux par jour, il a le 21e. — J'adopterai la nouvelle machine à battre le grain quand j'en connaîtrai mieux les résultats et qu'elle coûtera moins cher. Je n'ai point donné d'évaluation aux grains battus, parce qu'ils en ont une aux articles *vente et consommation.*	»	»	»	»
Le nombre doit donner au battage 2 boisseaux.	Il a donné 1 boiss. 5/7.	Veiller si les greniers sont solides, et bien distribués pour que les grains ne se mélangent pas, s'ils sont propres, s'il n'y a pas de vermine et de charançons. Cet insecte ne résiste pas aux odeurs fortes, telles que goudron, tête de chanvre et animaux en putréfaction. Un bon batteur bat 12 boisseaux par jour, il a le 21e. — À reporter.	»	»	11995	7121

6

TABLEAU renfermant les principaux objets d'une exploitatio[n]

1.	2.	3.	4.	5.	6.	7.	8.	9.	10.	11.	12.	13.	14.	15.	16.
DÉSIGNATION DES OBJETS.	N°. d'ord.	DÉTAIL DES OBJETS.	Recettes, Dépenses, Produits et Travaux qui ont eu lieu en												TOTAL des susceptible d'être tot...
			Juillet.	Août.	Septem.	Octobre.	Novem.	Décem.	Janvier.	Février.	Mars.	Avril.	Mai.	Juin.	
	18	Boisseaux d'orge.	»	»	27	»	209	186	148	»	»	»	»	»	570 bois...
	19	Boisseaux d'avoine.	»	66	110	430	209	370	268	556	136	275	»	»	2420 bois...
	20	Boisseaux de sarrazin.	»	»	»	»	10	178	»	»	»	»	»	»	18...
	21	Boisseaux de navette.	»	23	»	»	»	»	»	»	»	»	»	»	23
Grains battus.	22	Boisseaux de lentilles.	»	»	11	»	»	»	»	»	»	»	»	»	11
	25	Boisseaux de chenevis.	»	»	14	»	»	»	»	»	»	»	»	»	14
	25	Boisseaux de sainfoin.	»	»	»	»	»	»	»	»	»	»	»	»	»
	25	Boisseaux de trèfle.	»	»	»	»	»	»	»	»	»	»	»	»	»
	26	Bottes de litière relevées l'hiver pour l'été.	»	»	»	»	315	590	696	840	310	310	»	»	3495 de 20 li. cent.
	27	Bottes de litière consommées l'été.	115	465	365	»	»	»	»	»	»	»	»	»	1145 de 20 liv. cent.
		Pailles pour couvertures fournies par la ferme	»	»	»	»	»	»	»	»	»	»	»	1352	1352 à 40 fr...
ÉTAT N°. 7.	28	Quarts d'hectolitres de seigle vendus.	»	»	»	»	564	»	»	»	»	»	»	337	901 à à f. le h...
	29	Quarts d'hectolitres de blé.	»	»	»	»	36	4	»	»	»	»	»	105	445 à 4 fr. le h...
	30	Quarts d'hectolitres d'orge.	»	»	»	»	»	6	»	»	»	»	»	492	498 à 3...
	31	Quarts d'hectolitres d'avoine.	»	»	»	»	»	»	»	»	»	»	»	637	637 à 2...
	32	Quarts d'hectolitres de sarrazin.	»	»	»	»	»	5	»	»	»	»	»	14	19 à 1 fr...
Grains vendus.	33	Quarts d'hectolitres de pommes de terre.	»	»	»	»	»	»	»	»	»	»	»	»	»

avec ses produits, ses dépenses et les travaux à exécuter mois par mois.

17.	18.	19.	20.	21.	22.	23.
CALCUL sur les Objets année commune.	CALCUL sur les mêmes objets pour l'année dont on rend compte.	*Nota.* L'arpent a 640 perches, la perche 8 pieds 4 pouces, la denrée est le 8e. de l'arpent; l'arpent équivaut à 46 mèt. 90 cent. — **OBSERVATIONS.** — *Nota.* Le boisseau équivaut au quart d'hectolitre.	RECETTES ET DÉPENSES POSITIVES.		ÉVALUATION des Recettes et Dépenses tant réelles que fictives.	
			Recette	Dépens.	Recette	Dépens.
		Report.........	»	»	11995	7121
La voiture doit donner au battage 50 boisseaux.	Elle a donné 34 bois. 1/3.	Un batteur bat 15 boisseaux par jour, il a le vingt-unième.	»	»	»	»
La voiture doit donner au battage 50 boisseaux.	Elle a donné 57 bois. 1/2.	Un batteur bat 20 boisseaux par jour, il a le vingt-unième.	»	»	»	»
La voiture doit donner au battage 30 boisseaux.	Elle a donné 19 boiss.	Un batteur bat 20 boisseaux par jour, il a le vingt-unième.	»	»	»	»
La voiture doit rendre 4 boisseaux.	Elle a donné 23 boiss.	Cette graine devrait se battre sur un drap dans les champs ; car malgré que le transport s'en fasse avec soin, le mouvement de la voiture en perd beaucoup.	»	»	»	»
La voiture doit donner 4 boisseaux.	Elle a donné 11 boiss.		»	»	»	»
1200 poignées doivent donner 28 boisseaux.	600 ont donné 14 boiss.	Trois jours après que le chanvre est cueilli, et quand il est sec, on prend à deux mains les poignées de chanvre récolté et on les bat sur un banc ou sur une autre pièce de bois, sous laquelle on a placé des draps; on peut le battre aussi au fléau.	»	»	»	»
La voiture doit donner 10 boisseaux.	On n'a rien récolté.	Le sainfoin se secoue avec la fourche, ensuite on le lie en botte. Un arpent peut donner 15 boisseaux ; le sainfoin se vend de 30 à 40 sous. Pour avoir une bonne récolte, il faut le fumer pendant l'hiver, à raison de 3 voitures par arpent.	»	»	»	»
La voiture doit donner boisseaux.	On n'en a pas récolté.	L'arpent doit donner 2 voitures et la voiture 2 boisseaux de graine.	»	»	»	»
On doit relever le 1/6 des pailles données aux troupeaux.	On a relevé plus du 5e.	Pour avoir de la litière en été, on relève tous les jours, en hiver, avec des râteaux dans la bergerie les grandes pailles de dessous les pieds des moutons et on en forme des tas. Malgré l'évaluation qui a été faite des fumiers en masse pour l'ordre de ce travail, je donne encore une valeur à cet article dans le cas où l'on aurait besoin d'acheter de la litière.	»	»	350	»
Pendant les six mois d'été on répand 5 bottes de litière par jour par 100 bêtes dans les bergeries.	On en a donné un peu plus d'une botte.	Si l'on n'avait pas eu soin de relever l'hiver des litières pour l'été, les troupeaux en manqueraient ou bien il faudrait leur donner des pailles qui n'auraient point encore été présentées dans leur râtelier, ce qui ferait une grande perte de fourrages.	»	»	»	114
On doit relever encore 1/7 de la paille de seigle et de froment donnée aux moutons pour faire des gerbes pour couverture.	On a employé plus d'un 1/7 de paille à cet usage	Les moutons ne mangent que le bout des épis et le fourrage qui est dans la paille, on relève ce qu'ils laissent dans les râteliers et on en forme des bottes pour couvrir en paille. Ces bottes ont 5 pieds de circonférence et pèsent 35 livres; le cent se vend de 30 à 40 f. il faut 3 bottes de paille de 20 l. pour faire un baquot. Produit de la vente.	540	»	»	»
On doit vendre les 3/4 des grains battus ou 1000 à 1200 boisseaux.	On en a pas vendu moit.	Pour bien vendre les grains il faut calculer les produits de la récolte dernière, les apparences de celle prochaine. Soit que le prix du grain soit élevé, soit qu'il se trouve bas, il est un moment en tout état de cause où il est le plus bas, c'est la St.-Martin, époque à laquelle les fermiers sont obligés de payer les fermages, celui où il est le plus haut est mars et avril, les légumes et fruits rouges n'offrent pas encore de ressources et les autres provisions sont épuisées : le temps des semences est favorable aussi à la hausse. Produit de la vente.............	1802	»	»	»
On doit vendre les 4/5 ou 600 gerbes.	On a vendu plus des 4/5.	Comme les gens ne mangent pas de pain de froment, on doit vendre la totalité de la récolte à l'exception des semences. Produit de la vente...........	1780	»	»	»
On doit vendre les 5/6 ou 600 boisseaux.	On a vendu plus des 5/6.	On devra vendre également toute l'orge à l'exception des semences. Produit de la vente...........	747	»	»	»
On doit vendre le 1/3 ou 1000 boisseaux.	On a vendu près du 1/4.	Les semences, les chevaux et les moutons, consomment bien près des deux tiers. Produit de la vente...........	796	»	»	»
On doit en vendre 1/4 ou 50 boisseaux.	On en a vendu près du 10e.	Ce qu'on cultive de ce grain est destiné à la nourriture des volailles et des cochons, ce grain engraisse plus que les autres quand il est mêlé de pommes de terre. Produit de la vente...........	19	»	»	»
On n'en vend que dans les années de disette.	On n'en a pas vendu.	Si l'on voulait vendre une grande quantité de pommes de terre, il faudrait s'en défaire avant les gelées ou prendre de grande précaution pour qu'elles ne soient pas gâtées.	»	»	»	»
		A reporter.....	5684	»	12345	7235

Suite du Grand Compte général.

DÉSIGNATION DES OBJETS.	N° d'ordr.	DÉTAIL DES OBJETS.	Juillet.	Août.	Septem	Octobre	Novem.	Décem.	Janvier	Février.	Mars.	Avril.	Mai.	Juin.	TOTAL DES ... susceptibles d'être ...
	34	Quarts d'hectolitres de Navette.	»	»	»	10	»	»	»	»	»	»	»	»	10 à 4 f. le...
	35	Idem de chenevis.	»	»	»	»	»	»	2½	»	»	»	»	»	2½ à 2 f. le...
	36	Idem de lentilles.	»	»	»	»	»	»	»	»	»	»	»	»	»
	37	Idem de sainfoin.	»	»	»	»	»	»	»	»	»	»	»	»	»
	38	Idem de trèfle.	»	»	»	»	»	»	»	»	»	»	»	»	»
État N°. 8.	39	Quarts d'hectolitres de seigle aux moissonneurs.	»	»	80	20	10	»	40	20	50	»	»	»	220 à 2 f. l...
	40	Idem de blé aux moissonneurs.	»	»	9	4	10	»	6	»	3	»	»	»	32
	41	Id. de seigle aux batteurs	»	»	»	10	6	5	10	15	40	»	»	»	88
	42	Idem de blé aux mêmes.	»	»	»	»	14½	5	6	»	3	»	»	»	28½
	43	Idem d'orge aux mêmes.	»	»	»	»	5	2	5	»	»	»	»	15	27
Grains livrés.	44	Id. d'avoine aux mêmes.	»	»	»	6	3	8	10	»	»	»	»	69	96
	45	Id. de sarrazin aux mêmes	»	»	»	»	»	9	»	»	»	»	»	»	9
	46	Id. d'orge au garde pour les chiens.	4	»	4	4	4	4	4	4	4	4	4	16	56
	47	Idem d'orge au concierge pour les pigeons.	3	»	4	3	1	5	»	4	»	4	»	24	48
	48	Id. de sarrazin au même pour les pigeons.	»	»	»	»	1	5	»	4	»	4	»	»	14
État N°. 9.	49	Quantité de pintes de lait des 5 vaches.	352	372	360	366	180	127	124	186	366	360	399	550	3742 pintes
	50	Livres de beurre.	15	23	32	28	18	12	13	19	27	16	18	30	251 livres

avec ses produits, ses dépenses et les travaux à exécuter mois par mois.

17.	18.	19.	20.	21.	22.	23.
CALCUL sur les Objets année commune.	CALCUL sur les mêmes objets pour l'année dont on rend compte.	*Nota.* L'arpent a 640 perches, la perche 8 pieds 4 pouces, la denrée est le 8e. de l'arpent; l'arpent équivaut à 46 mèt. 90 cent. — OBSERVATIONS. — *Nota.* Le boisseau équivaut au quart d'hectolitre.	RECETTES ET DÉPENSES POSITIVES.		ÉVALUATION des Recettes et Dépenses tant réelles que fictives.	
			Recette	Dép.	Recette	Dép.
doit vendre toute la récolte, excepté 10 boisseaux pour la ferme et quelques pintes pour semence.	On a consommé 13 boisseaux ou 78 pintes d'huile pour salades et éclairage.	Le boisseau tient 22 pintes, un boisseau donne 6 pintes d'huile; la consommation de la ferme est d'environ 5 boisseaux. Report........ / Produit de la vente.........	5684 / 40	» / »	12345 / »	7235 / »
On en peut vendre 10 boisseaux.	On n'a vendu que le 1/7 de la récolte.	Un boisseau donne 4 pintes d'huile. Produit de la vente.........	5	»	»	»
On n'en cultive que pour la consommation.	On n'en a pas vendu.		»	»	»	»
On pourrait vendre de 3000 boisseaux tous les...	On n'en a pas vendu.	Quand on cultivera 150 arpens de sainfoin, comme cela aura lieu de 1821 à 1822, on pourra vendre 3000 boisseaux; ce grain suit le cours de l'avoine, et ce sera un grand produit à ajouter.	»	»	»	»
On pourrait vendre 150 boisseaux par an,	On n'en a pas vendu.	On pense cultiver toujours environ de 20 à 30 arpens de trèfle.	»	»	»	»
On leur donne 1 boisseau par arpent et quelfois 2 selon la force du grain.	Ils en ont eu près de 2 boisseaux,	On peut faucher 1 arpent 1/2 de seigle par jour: on ne les nourrit pas, on prend le même prix pour faucciller; mais on n'abat qu'un quart d'arpent par jour. On paie 1 f. 5 s. par arpent d'orge; on en peut faucher 3 arpens. On paie 20 s. par arpent de sarrasin, on en peut faucher aussi 3 arpens et demi par jour. Cette dépense est évaluée.....	»	»	»	440
On leur donne 1 boisseau 1/2, mais plus souvent 2 par arpent.	On a donné près de 2 boisseaux par arpent,	Même observation pour les blés que pour les seigles. Je préfère faire faucher; la paille est plus longue, la faux ramasse plus de fourrages pour les bestiaux, l'ouvrage va plus vite et l'on ne perd pas plus de grain avec la faucille qu'avec la faux, sur-tout quand on ramasse les épis perdus avec un grand râteau; pourtant quand le grain est trop fort ou couché, il faut se décider à le faire faucciller. Cette dépense est évaluée......	»	»	»	128
Le 21me.	Ils ont eu le 21e.	Un bon batteur bat 15 boisseaux par jour; il a seulement la soupe tant qu'il bat ce grain et les autres. Il doit livrer les grains vannés et criblés, les pailles bottelées du poids de 20 livres: battre à la journée ou au boisseau a le même inconvénient si le batteur est mauvais. Il faut inspecter les pailles pour voir si tout le grain est dehors l'épi. Cette dépense est évaluée......	»	»	»	172
Le 21me.	Ils ont eu le 19e.	On bat 12 boisseaux par jour ou 6 nombres. Quand on bat les semences, les batteurs sont nourris, c'est l'usage; le batteur met 15 gerbes à droite et 15 à gauche, il émouche les 30 gerbes en battant à droite et à gauche, retourne les gerbes, en fait autant, ensuite les délie; il met les liens au milieu, recommence à battre et touche sur la tête le cul et le milieu de la gerbe, les retourne et bat de même pour la 4eme. fois, enfin secoue bien la paille et la lie en bottes du poids de 20 livres. Cette dépense est évaluée......	»	»	»	114
Le 21me.	Ils ont eu le 21e.	On bat 15 boisseaux par jour. On met dans l'aire de la grange 3 pieds épais de récolte d'orge qu'on remue légèrement avec une fourche, on la bat une seule fois avec force, ensuite on relève avec la fourche les rives et les bouts qu'on jette dans le milieu de l'aire; on bat encore une fois, puis avec un petit râteau on enlève les pailles du dessus, on remue le reste avec la fourche en laissant 1 pied d'épaisseur, on rebat pour la 3e. fois, on secoue et bottelle les pailles du poids de 20 li.; après on bat une fois le grain pour casser les parmes. Cette dépense est évaluée......	»	»	»	18
Le 21me.	Ils ont eu le 21e.	On bat 20 boisseaux par jour. Même opération pour le battage de l'avoine, seulement on ne bat pas sur le grain. Cette dépense est évaluée.....	»	»	»	33
Le 21me.	Ils en ont eu un peu plus du 20e.	On bat 20 boisseaux par jour. Se bat comme les autres grains. Cette dépense est évaluée.....	»	»	»	9
livre par jour pour chaque chien.	1 l. par jour et par chien.	Je tire de la ferme l'orge pour mes chiens de chasse; j'ai dû établir dans ce compte cette consommation et cette dépense pour l'ordre. Cette recette est évaluée.....	97	»	»	»
boisseaux par paire de pigeons par an.	2 boisseaux par paire et par an.	Il en est de même des pigeons de volière que j'ai hors de la ferme et pour mon agrément; aussi je ne parle point de leur produit en pigonneaux, ni de la colombine ou fumier. Je porte cette somme en recette positive ainsi que celle pour la nourriture des chiens. Cette recette est évaluée.....	72	»	»	»
tte consommation est comprise dans les calculs de l'article ci-dessus.	Même observation que ci-contre.	Ce grain pousse à la ponte, mais il échauffe trop les pigeons; ils feraient des œufs clairs si on ne le mélangeait pas avec d'autres; les pigeons mangent aussi de la pomme de terre cuite. Cette dépense est évaluée......	»	»	»	14
,800 pintes de lait par vache et par an.	A donné 748 pintes par vache pour l'année.	Une bonne vache donne 10 pintes de lait par jour pendant 3 mois, 6 pendant 5 autres mois, rien pendant les autres 4 mois: la pinte de lait pèse 3 livres à 3 sous la pinte. Cette recette est évaluée.....	»	»	561	»
livres de beurre par vache et par an.	A donné 50 livres de beurre par vache et par an.	En Été, il faut 10 pintes de lait pour 1 livre de beurre et 8 en hiver: on rétablit les beurres forts en les battant de nouveau et en mettant 1 litre de lait frais par livre de beurre; on met 1 l. de sel par 12 l. de beurre qu'on veut saler. Cette recette est évaluée.......	»	»	188	»
		A reporter.....	5898	»	13094	8163

Tableau renfermant les principaux objets d'une exploitation

1.	2.	3.	4.	5.	6.	7.	8.	9.	10.	11.	12.	13.	14.	15.	16.
DÉSIGNATION DES OBJETS.	N°. d'ordre	DÉTAIL DES OBJETS.	Recettes, Dépenses, Produits et Travaux qui ont eu lieu en												TOTAL DES... susceptibles d'être tot...
			Juillet.	Août.	Septem.	Octobre	Novem.	Décem.	Janvier	Février.	Mars.	Avril.	Mai.	Juin.	
Produit de la basse-cour.	51	Quantité de fromage.	30	27	32	30	21	14	20	25	33	21	24	38	315
	52	Douzaines d'œufs des 133 poules.	51	49	37	22	2	5	13	44	66	102	75	67	538
	53	Quantité de poulets.	144	110	100	100	100	»	»	»	»	»	»	»	
	54	Livres de lard.	135	»	140	»	»	130	»	100	120	»	140	»	765 à 15 s. la...
	55	Quantité de bottes de toutes pailles.	»	»	»	»	»	»	»	»	»	»	»	»	Seigle.... Froment,.. Orge.... Avoine....
		Livres de chanvre.	»	»	»	»	»	»	»	»	»	»	»	»	Femelle.... Mâle.....
État N°. 10.	56	Nombre de gens attachés à la ferme.	12	12	12	12	12	12	12	12	12	12	12	12	12 personnes, ...teurs toute...
		Quantité de grains envoyés au moulin.	1147	1295	1140	1147	1175	1147	1147	1073	1147	1110	1147	1110	13,851. ou 362 b.
	57	Livres mouturées,	»	»	»	»	»	»	»	»	»	»	»	»	»
	58	Livres de lard.	75	72	78	93	75	92	105	100	40	75	69	72	946 livres
	59	Livres de beurre.	17	25	26	24	14	14	15	21	23	23	19	20	241 liv.
	60	Douzaines d'œufs.	34	39	27	20	23	13	12	24	45	60	50	58	405 dou...
Produit de la basse-cour consommé par la ferme.	61	Quantité de pintes de lait.	175	46	36	57	17	34	28	27	92	200	186	180	1078 pintes
	62	Quantité de fromage.	27	52	33	24	24	23	25	29	24	15	18	25	319
	63	Livres de sel.	20	21	20	21	20	20	20	20	21	20	20	20	243 liv.
	64	Quarts d'hectolitres de pois.	»	»	»	»	»	»	»	»	»	»	»	»	» »
	65	Quarts d'hectolitres de haricots.	»	»	»	»	»	»	»	»	»	»	»	»	» »

avec ses produits, ses dépenses et les travaux à exécuter mois par mois.

17.	18.	19.		20.	21.	22.	23.
CALCUL sur les Objets [an]née commune.	CALCUL sur les mêmes objets pour l'année dont on rend compte.	*Nota.* L'arpent a 60 perches, la perche 8 pieds 4 pouces, la denrée est le 8e. de l'arpent; l'arpent équivant à 6 ares 90 cent. OBSERVATIONS. *Nota.* Le boisseau équivaut du quart d'hectolitre.		RECETTES ET DÉPENSES POSITIVES		ÉVALUATION des Recettes et Dépenses tant réelles que fictives.	
				Recette	Dép.	Récett.	Dép.
		Report.......		5892	»	13094	8163
o fromages par vache an.	A donné 63 fromages par vache, par an, du poids de	Après l'extraction du beurre, on tire encore 3 fromages d'environ 1 l. 1/2 chaque par 8 à 10 pintes de lait; après il reste encore environ 2 pintes 1/2 de petit-lait pour les cochons et 3 l. de lait-beurre pour la nourriture des gens. Cette recette est évaluée......		»	»	63	»
Une poule doit donner à 50 œufs ou 4 douzaines de 5 à 7 s. la douzaine.	A donné 50 œufs ou 4 douzaines d'œufs.	En automne, il faut conserver les œufs pour la provision d'hiver. Cette recette est évaluée.....		»	»	188	»
On peut avoir 2 à 300 [pou]lets.	On n'en a eu que 144.	Je n'élève de poulettes que pour remplacer les poules qui meurent, et je vends ou mange les jeunes coqs: au mois de novembre, ce qui me reste de poulettes et jeunes coqs est compté comme grosse volaille, et il n'en est plus question à cet article.		»	»	»	»
On tue les cochons [qu]and ils pèsent environ [...] livres.	Le terme moyen auquel ils ont été tués est de 127 liv.	Il est plus avantageux d'élever des cochons l'été que l'hiver, ils viennent plus vite et coûtent moins à nourrir, parce qu'on leur donne des salades et de l'herbe. Cette recette est évaluée......		»	»	573	»
L'arpent doit donner. [Sei]gle........ 90 [Blé]......... 100 [Or]ge......... 100 [Avoi]ne........ 50 [Sar]rasin et navette. 40	Il a donné. Seigle........ 81 Blé.......... 94 Orge......... 109 Avoine........ 72	Les terres sont loin d'être assez fumées; les pailles de sarrasin et de navette servent à chauffer le four; dans l'estimation du prix des pailles, je porte le cent de toutes pailles à 20 fr. ci.		»	»	3825	»
L'arpent doit donner [...] livres de femelle et [...] livres du mâle.	Le demi-arpent a donné 240 de femelle et 360 de mâle.	Il paraît que le chanvre roui à l'eau courante est plus doux, plus fort et d'un meilleur usage. Un demi-arpent de chanvre a donné 240 poignées de femelle et 360 de mâle, la grosseur d'une poignée est de 18 pouces de circonférence et pèse environ 1 livre: 4 poignées filées donnent environ 1 livre de fil.		»	»	»	»
[d]ouze personnes, plus 2 [bat]teurs toute l'année.	Les calculs pour la consommation seront faits pour 14 personnes.	Maître Jacques, sa femme, 4 charretiers, 3 bergers, 1 fille de basse-cour et 2 enfans du maître Jacques, plus 2 batteurs toute l'année. Il y a encore 3 chiens de bergers qui mangent chacun 1 l. de pain par jour. On verra par les articles ci-après que les 14 personnes coûtent à nourrir 6 f. 5 s. par jour; ce qui fait par personne 9 s. par jour; mais le tout est fourni par la ferme hors le sel: on évaluera la dépense à chacun des articles.		»	»	»	»
Un individu mange 2 [liv]res 1/2 de pain par jour [ou] 24 boisseaux par an. Un chien mange 1 liv. [de] pain par jour ou 10 [boi]sseaux par an.	Chaque personne a mangé 2 liv. 1/3 de pain par jour et chaque chien 1 livre.	On prend ordinairement 1/16 pour la mouture; mais le moulin appartient au propriétaire : on prendra le grain de moindre qualité pour consommer, on mélangera quelquefois de l'orge, du seigle et du froment. Cette dépense est évaluée......		»	»	»	725
La différence doit être [u]ne liv. par 100 livres.	Le résultat des pesées a été la différence d'une livre par 100 livres.	Calculs sur la confection du pain et tous les déchets : Envoyé au moulin 190 l., revenu du moulin 188 l., savoir : en farine 104, en son 84, déchet au moulin 2 l. pour 190; façon de pain, pour le levain, 32 l. d'eau, pour le pain 33, total, 66 l. d'eau; le pain avant d'être cuit pèse 163 l., cuit 152, déchet 11 l., le grain pesait 190 l., le pain 152, déchet total, 38 l., mais il reste 8 l. de son : 1 boisseau de 38 l. de grain donne donc 30 livres de pain.		»	»	»	»
Un individu mange 70 [liv]res par an ou 3 onces [pa]r jour.	Il a mangé 67 l. 1/2 ou près de 3 onces, et les 14 personnes 2 l. 1/2 par jour	Le lard à 15 s. la livre porte la dépense par jour à 1 f. 19 s. et par an pour tous les gens de la ferme à... Il ne se consomme pas d'autre espèce de viande.		»	»	»	709
Chaque personne doit [m]anger 20 liv. de beurre [pa]r an.	On a mangé 17 livres par an ou 6 gros par jour et les 14 personnes 2/3 de livre.	Le beurre à 15 s. la livre porte la dépense par jour à 1 fr. 19 s. et par an pour tous les gens à.......		»	»	»	180
Chaque individu doit [m]anger de 20 à 30 douzaines d'œufs par an.	Il a mangé 29 douzaines par an ou près d'un œuf par jour, pour tous de 13 à 14 œufs par jour.	Les œufs à 7 s. la douz. portent la dépense par jour à 7 s. 1/2 et par an pour tous les gens à........		»	»	»	141
Une personne doit consommer 20 pintes de lait [p]ar an.	Elle en a consommé 77 pintes par an.	Le lait à 3 s. la pinte porte la dépense par jour à 8 s. 1/2 et par an pour tous les gens à.......... Il paraît que sur cette consommation il en a été donné aux jeunes poulains; le lait doit être employé à faire du beurre et du fromage, et on n'en doit manger qu'à défaut d'autre chose.		»	»	»	161
Il doit se consommer [5] fromages par an par [pe]rsonne.	Il en a été consommé 22 1/2, ce qui fait environ 3/4 de fromage par jour pour tous.	Le fromage à 4 s. pièce porte la dépense par jour à 3 s. 1/2 et par an pour tous les gens à.........		»	»	»	63
On doit consommer 20 [li]vres par personne.	On a consommé 1 l. 1/2 par personne, ce qui fait 4/5 de liv. par jour pour tous.	Le sel à 5 s. la l. porte la dépense par jour à 3 s. et pour l'année à.................. Les 243 l. font près de 5 boiss. de 50 l. chaque, mais sur cette consommation on a salé les 946 liv. de porc qui ont employé 37 l.; car il faut 1 l. de sel par 25 l. de cochon.		»	60	»	»
»	»	On ne mange point de pois secs l'hiver, on en sème quelques pintes pour en manger l'été.		»	»	»	»
»	»	On sème tous les ans 1 ou 2 boiss. pour récolter en sec et les manger l'hiver, l'été on en mange aussi en vert. A reporter........		»	60	17743	10152

Tableau renfermant les principaux objets d'une exploitation

	1.	2.	3.	Recettes, Dépenses, Produits et Travaux qui ont eu lieu en												16.
	DÉSIGNATION DES OBJETS.	N°. d'ordr	DÉTAIL DES OBJETS.	Juillet.	Août.	Septem.	Octobre	Novem.	Décem.	Janvier.	Février.	Mars.	Avril.	Mai.	Juin.	TOTAL DES Q.tés susceptibles d'être totali.
		66	Quarts d'hectolitres de pommes de terre.	»	»	»	»	»	»	»	»	»	»	»	»	»
		66	Bois consommé.	»	»	»	»	»	»	»	»	»	»	»	»	416 fagots et 2 cordes de bois. le cent de fagots à [...] la corde de bois à [...]
ÉTAT N°. 11.		67	Quantité de l. de beurre	»	5	»	3	»	»	»	»	»	»	»	4	12
		68	Douzaines d'œufs.	»	»	»	4	»	»	1	»	13	33	»	7	58
		69	Poulets.	»	1	3	»	4	8	10	1	»	»	»	7	34
		70	Livres de porc ou viande.	»	»	5	»	»	»	»	»	»	»	»	»	20
		71	Moutons vendus.	»	»	»	»	»	»	»	»	»	»	»	»	»
		72	Béliers vendus.	»	»	»	»	»	»	»	»	»	»	»	»	»
		73	Brebis vendues.	»	»	»	»	»	»	»	»	»	»	»	12	19
		74	Agneaux et agnelles vendus.	»	»	»	»	»	»	»	»	»	»	»	»	»
Produit de la basse-cour vendu ou livré au propriétaire			Livres de laine.	»	»	»	»	»	»	»	»	»	»	»	3700	3700
			Toisons des mères.	»	»	»	»	»	»	»	»	»	»	»	»	»
		75	Toisons des moutons.	»	»	»	»	»	»	»	»	»	»	»	»	»
			Toisons des beliers.	»	»	»	»	»	»	»	»	»	»	»	»	»
			Toisons des antenois.	»	»	»	»	»	»	»	»	»	»	»	»	0
			Toisons des agneaux et agnelles.	»	»	»	»	»	»	»	»	»	»	»	»	»
		76	Veaux vendus.	»	»	»	»	»	»	1	1	»	»	2	»	4 veaux vendus, 2 à 15 fr. et 2 à 10 fr. 50 c.

avec ses produits, ses dépenses et les travaux à exécuter mois par mois.

17.	18.	19.	20.	21.	22.	23.
CALCUL sur les Objets année commune.	CALCUL sur les mêmes objets pour l'année dont on rend compte.	*Nota.* L'arpent a 6[o] perches, la perche 8 pieds 4 pouces, la denrée est le 8e. de l'arpent; l'arpent équivaut à 46 ares 90 cent. OBSERVATIONS. *Nota.* Le boisseau équivaut au quart d'hectolitre.	RECETTES ET DÉPENSES POSITIVES		ÉVALUATION des Recettes et Dépenses tant réelles que fictives	
			Recette	Dép.	Recett.	Dép.
		Report......	5898	60	17743	10152
On doit consommer 80 boisseaux par an.	»	On en mange au lard, au beurre, cuites au four sous la cendre. La culture de ce légume a été négligée cette année; en 1820 on en a fait 10 arp., en 1821 on en fera 20 arp., alors on en donnera à tous les animaux; le défaut d'instrument pour les couper avait découragé les gens, j'ai donné un coupe-racine.	»	»	»	»
On cuit 6 fois par mois et l'on chauffe le four avec 3 fagots chaque fois.	On a cuit 6 fois par mois à 3 fagots chaque cuite.	On a donc employé par an 216 fagots pour faire le pain, 200 pour la soupe et les légumes, les 2 cordes de bois ont servi à chauffer le poêle l'hiver. Une bourrée verte pèse environ 60 l. et sèche, 24 l. La dépense est évaluée......	»	»	»	166
On pourrait fournir quelques livres de beurre pour la maison du propriétaire.	On a vendu 12 liv. de beurre.	La ferme n'a de vaches que pour fournir du beurre pour les gens. Cette recette est évaluée......	9	»	»	»
On pourrait vendre ou livrer au propriétaire 100 douzaines d'œufs.	On a vendu 58 douzaines	La ferme n'a de poules que pour fournir à sa consommation à moins qu'on n'élève des dindons, le détail qu'entraîne la vente de ces petits objets, quand on est loin d'un marché, a trop d'inconvéniens pour qu'on ne renonce pas aux avantages que peuvent donner ces faibles produits. Les 58 douzaines d'œufs ont été vendues à 5 s. l'une.....	14	»	»	»
On pourrait vendre 50 poulets.	On en a vendu 34.	Même observation que celle qui précède. Les 34 poulets ont été vendus à 16 s. chaque.	27	»	»	»
On n'en vend pas.	On a fourni 20 livr. au propriétaire.	Cet objet a été fourni au propriétaire, la ferme n'en vend pas. Cette recette est évaluée....	15	»	»	»
On doit vendre 100 moutons.	On n'en a pas vendu.	Mon troupeau n'étant pas au complet, je vends le moins que je peux; si j'ai un revenu de moins, j'augmente mon capital, et souvent la toison d'un mouton qui meurt me rapporte plus que si je vendais l'an mal comme rebut; il n'en sera pas de même quand je pourrai vendre des bêtes jeunes et grasses.	»	»	»	»
On doit vendre 10 à 20 béliers.	On n'en a pas vendu.	Chercher un débouché pour ces béliers; la Champagne n'est pas encore assez partisante de ces bêtes pour employer ce que nous élevons dans nos établissemens: on en loue quelquefois aux communes voisines au prix de 24 f. chaque pour 3 mois, mais on les rend en mauvais état et souvent avec des maladies qui peuvent perdre des troupeaux: ils se vendent de 3 louis à 100 fr. Examiner s'il vaut mieux donner les béliers plus tôt que plus tard, je pense qu'il faut les mettre dans le troupeau le 1er. Juillet.	»	»	»	»
On doit vendre 100 brebis de rebut.	On n'en a vendu que 12.	On vend à Sceaux les moutons pour la boucherie sur le pied de 24 f., ils pèsent vivans de 80 à 110 livres; un mouton vivant du poids de 80 l. tué pèse 78 l. 1/2. Les brebis se vendent aux cultivateurs ou aux bouchers comme rebut et valent de 10 à 12 fr.: les mères portent 5 mois. Ces 12 brebis sont des bêtes de rebut qui ont été vendues à 16 f. 70 c. chaque..	200	»	»	»
On en vendra rarement.	On n'en a pas vendu.	Mon établissement n'étant point encore assez garni de troupeaux, je n'en vends pas, ces élèves d'ailleurs sont l'espoir du cultivateur, et livrés au commerce ne seraient pas d'une assez grande valeur.	»	»	»	»
Quand le troupeau sera de 1000 à 1200 bêtes, on vendra 6000 l. de laine.	Les 663 bêtes ont donné 3700 livres.	Mes troupeaux ayant de la litière tous les jours, la laine lavée doit donner en blanc 40 à 45 pour 100; je l'ai vendue en suint 2 f. la l., une autre année 2 f. 10 s., une autre 3 f. 5 s., deux autres 2 f., la laine des bêtes mortes et celle d'agneaux prises au même prix; chaque bête l'une dans l'autre, compris les agneaux, doit donner 11 f., et sans les agneaux 15 f.; quelquefois le marchand retient les 4 pour 100.	7400	»	»	»
Doit donner 6 liv. par bête.	»	On compte 4/5 de mère-laine dans une bonne toison; cette laine lavée en blanc vaut 12 f. la livre.	»	»	»	»
Doit donner 7 liv. par bête.	»	Le grand air et la propreté dans les bergeries font que mes toisons pèsent 2 l. de moins que par-tout, et c'est ce qui fait que je vends en suint plus cher que les autres.	»	»	»	»
Doit donner 9 liv. par bête.	»	Même observation que ci-dessus.	»	»	»	»
Doit donner 4 l. 1/2 par bête.	»	Même observation que ci-dessus.	»	»	»	»
Doit donner 1 l. 1/2 par bête.	»	Les agneaux et agnelles se tondent 1 mois après les mères.	»	»	»	»
Douze fr. chaque âgé de 15 à 20 jours.	On a vendu à 12 f. 15 s. chaque.	Le petit nombre de vaches, le besoin de lait pour les gens de la ferme, ne permettent pas de faire des élèves, on ne conserve que les plus beaux. La vente a produit......	51	»	»	»
		A reporter	13614	60	17743	10318

TABLEAU renfermant les principaux objets d'une exploitation

			Recettes, Dépenses, Produits et Travaux qui ont eu lieu en												TOTAL des Objets
DÉSIGNATION des Objets.	N°s d'ord.	DÉTAIL DES OBJETS.	Juillet.	Août.	Septem.	Octobre	Novem.	Décem.	Janvier	Février.	Mars.	Avril.	Mai.	Juin.	susceptibles d'être totalisés.
	1.	2.	3.	4.	5.	6.	7.	8.	9.	10.	11.	12.	13.	14.	15.	16.
	77	Vaches vendues.	»	»	»	»	»	»	»	1	»	»	»	»	1
	78	Chevaux vendus.	»	»	»	»	»	»	»	»	»	»	»	»	»
ÉTAT N°. 12.	79	Quantité de bottes de paille pour les moutons.	30	210	120	390	2010	2670	2470	2590	2480	1350	1370	105	15,795
	80	Quantité de bottes de foin	40	»	»	»	»	505	930	946	1342	1146	275	235	5,419
	81	Pommes de terre.	»	»	»	»	»	»	»	»	»	»	»	»	»
	82	Quantité de boisseaux d'avoine.	»	»	»	»	2	14	60	129	153	96	42	5	507
	83	Quantité de chevaux.	9	9	8	8	9	9	9	9	9	9	9	9 4 poulains	9 4 poulains de
		Bottes de paille pour les chevaux.	124	124	120	146	152	188	248	124	152	120	124	120	1,742
	84	Bottes de foin.	496	496	390	412	342	374	434	318	418	420	490	480	5,070
	85	Paille hachée.	»	»	»	»	»	»	»	»	»	»	»	»	»
Consommations en fourrages et grains.	86	Quarts d'hectolitres d'avoine.	93	67	76	92	60	62	64	79	93	96	100	90	972
	87	Quantité de vaches.	7	7	6	7	7	7	7 1 veau.	7 1 veau.	6	6	6	6	6
		Bottes de paille pour les vaches.	93	93	90	108	142	158	150	145	155	150	155	150	1,589
	88	Bottes de gros foin.	»	»	»	»	»	28	31	30	21	10	»	»	120
	89	Quantité de poules.	4 coqs. 85 poul.	4 coqs. 85 poul.	3 coqs. 80 poul.	3 coqs. 80 poul.	80 poul.	133 poules, 25 poulets.	133 poules, 13 poulets.	133 poules, 12 poulets	14 coqs, 135 poules, 1 dinde.	10 coqs, 148 poules et poulets.	10 coqs, 215 poules et poulets.	3 coqs, 212 poules et poulets, 1 dinde.	133 poules pondantes
		Criblure pour les poules.	8	4	8	8	10	15	19	21	24	23	24	15	179 boisseaux à 1 fr. le boisseau.
		Nombre de cochons achetés.	1	»	1	»	»	1	»	1	1	»	1	»	6

avec ses produits, ses dépenses et les travaux à exécuter mois par mois.

17.	18.	19.	20.	21.	22.	23.
CALCUL sur les Objets [an]née commune.	CALCUL sur les mêmes objets pour l'année dont on rend compte.	*Nota.* L'arpent a 640 perches, la perche 8 pieds 4 pouces, la denrée est le 8e. de l'arpent; l'arpent équivaut à 46 ares 90 cent. — **OBSERVATIONS.** — *Nota.* Le boisseau équivaut au quart d'hectolitre.	RECÊTTES ET DÉPENSES POSITIVES. Recette	Dép.	ÉVALUATION des Recettes et Dépenses tant réelles que fictives. Recette	Dép.
		Report.	13614	60	17743	10318
On pourrait vendre de commune 1 vache [re]but.	On en a vendu une.	On ne vend que les vaches de rebut, ce qui est fort rare et on les remplace par d'autres à peu de frais et par échange ou bien par les génisses qu'on élève. — La vente a produit	96	»	»	»
On pourrait vendre de commune 3 pou[s] et 1 jument.	»	Il en est de même pour les chevaux. Je mets de préférence des jumens dans les fermes, dans l'espérance de remplacer les pertes que je ferais et même de pouvoir vendre 2 ou 3 jeunes bêtes par an.	»	»	»	»
[5]o moutons mangent [2]bottes par an de 20 [...]	100 moutons ont mangé 2500 bottes par an, ou 24 bottes 1/3 par bête par an ou 1 livre 1/3 par jour par bête.	On n'affourrage pas pendant 4 mois de l'année et peu pendant 3 autres : quand les troupeaux ne sortent pas, on donne 5 affourragemens et moins selon le temps qu'ils sont dehors. Les moutons, les mères et les agneaux, sont sensés manger par jour chacun pendant 6 mois 2 liv. 2/3 de paille et 6 onc. de foin et 1 once d'avoine environ pour les mères et agneaux seulement; mais comme cette ration ne leur est donnée qu'au moment de l'agnelage, en la réduisant à 3 mois elle se trouverait de 2 onc. par jour; chaque bête est donc sensée coûter en argent pour toute l'année près de 6 fr.	»	»	»	3140
[5]o moutons mangent [2]bottes de 10 livres an.	100 moutons ont mangé plus de 800 bot. par an ou 8 bot. par bête par an ou 3 onces 1/2 par jour par bête.	On suppose que 8 l. d'herbe donnent 2 l. de foin, qu'une bête doit manger 2 li. de bon fourrage par jour ou 73 bottes de 10 livres par an, les miens ont mangé 21,000 bottes dont 3/4 de paille: en supposant que ce fût du bon fourrage, ce seraient donc 41 bottes que mon parcours m'aurait économisées, avantage précieux; à l'avenir pourtant, je compte augmenter leur nourriture au moyen de pommes de terre et paille hachée, afin que mes mères aient plus de laine et de lait et pour conserver plus d'agneaux.	»	»	»	1080
[5]o bêtes doivent man[ger] [2]oo bois. de pommes [de ter]re par an.	Elles n'en ont pas eu.	Cette ration sera en sus de ce qui est établi ci-dessus et n'est point comprise dans ce travail, parce qu'elle n'a été réglée que pour le compte de 1820 à 1821. Les troupeaux ne doivent pas s'approcher de 500 pas les uns des autres, ils doivent également ne pas approcher les villages de 500 pas ; ils passeront devant l'abreuvoir sans s'arrêter, il y aura en tout temps de l'eau propre dans les baquets qui sont dans les bergeries.	»	»	»	»
[5]o bêtes doivent man[ger] par an 100 boisseaux [de] livres.	100 bêtes ont mangé 78 boisseaux par an; c'est 3/4 de boisseau par bête par an.	On n'en donne pas aux gros moutons, les mères et les agneaux en ont seuls pendant les trois mois de l'agnelage.	»	»	»	606
[à] 10 chevaux suffi[sent] pour l'exploitation.	On en a 9.	On verra ci-après que la ration par cheval est par jour de 10 liv. de paille à 10 c., 15 l. de foin à 3o c., 5 l. d'avoine à 25 c., au total par jour par cheval 65 c. ou 13 s. et par an 231 f. : avec 2 chevaux et 1 charrue on exploite de 80 à 100 arpens. On assure que 6 bœufs font l'ouvrage de 4 chevaux et ne consomment guère plus de fourrage ; on aurait l'économie d'une partie des harnois et toute l'avoine, et l'animal blessé s'engraisse et se vend bien. Comme j'évalue les labours au n°. 2, je n'évalue pas le travail des chevaux.	»	»	»	»
[une] botte ou 10 liv. par [jour] par cheval.	Ils ont mangé plus d'une demi botte ou 193 bottes par an par cheval.	Les chevaux de labour travaillant beaucoup, ils n'ont pas le temps de manger de paille, à l'avenir je la leur donnerai hachée mélangée dans l'avoine. Une botte de paille de 20 l., hachée, fait 5 boisseaux de paille hachée du poids de 4 l. chaque.	»	»	»	350
[une] botte 1/2 ou 15 livres [j]our par cheval.	Ils ont mangé 1 bot. 1/2 passée ou 563 bott. par an par cheval.	Aussitôt que j'aurai des prairies artificielles, je leur donnerai du sainfoin et du trèfle, ce fourrage sera plus nourrissant.	»	»	»	1015
»	Ils n'en ont pas eu.	La paille hachée n'ayant été donnée que de 1820 à 1821, il n'en est pas fait mention dans le présent compte qui est celui de 1819 à 1820.	»	»	»	»
[1/4] de boisseau ou 5 [par] jour par cheval.	Ils ont mangé un peu plus du 1/4 ou 5 liv. 11 o. par jour par cheval.	Au moyen de la paille hachée que je donnerai dans l'avoine, je compte économiser 1 l. de ce grain par jour par cheval, ce qui fera pour les 9 chevaux près de 200 boisseaux.	»	»	»	1215
[on] n'aura que 6 vaches.	On n'en a que 6.	On verra ci-après que la ration par vache est par jour de 10 l. de paille à 10 c., 2 l. de foin à 4 c., au total, par jour et par vache 14 c., et par an 43 f. 10 s.	»	»	»	»
[une] botte ou 10 liv. par [jour par] bête.	Elles ont mangé près de 3/4 de botte ou 14 liv. 1/2 de paille par jour ou 265 bottes par an par bête.	Les vaches préfèrent la paille d'avoine et la paille d'orge, une partie des paillotes leur est aussi donnée, ce qui augmente leur ration: on remarquera que le calcul ci-dessus est fait dans la supposition qu'on nourrit les vaches au sec toute l'année ; mais on sait que pendant 7 à 8 mois on leur donne de l'herbe des champs; je n'ai point évalué cette nourriture, parce qu'elle ne coûte rien; si j'avais plus de vaches, il faudrait quelqu'un pour les alimenter, et alors la dépense ne serait pas couverte par les produits.	»	»	»	316
[...] livres par vache par [an] ou 72 bottes par an.	Elles ont mangé par jour 1 liv. passée ou 37 b. 1/2 par bête par an.	Moins on donne de foin aux vaches, mieux cela vaut, le foin les fait maigrir et tarir ; je remplacerai cette nourriture par des pommes de terre.	»	»	»	24
[5]o poules pondantes.	133 poules.	Il en meurt environ 3 par mois. On peut faire couver les œufs de poules par des dindes, mais elles écrasent souvent par leur poids les jeunes poussains ; dans ce cas on pourrait faire conduire les petits poulets par des chapons, ils les mènent et les défendent mieux contre les bêtes, par ce moyen les poules reprennent plus vite leur seconde ponte.	»	»	»	»
[un] boisseau de sarrasin [ou] le criblure par an par [poule].	Les poules et poulets ont mangé chacun 1 boi. par an ou 179 boisseaux.	A l'époque des récoltes on diminue de moitié la ration des poules.	»	»	»	179
[6] cochons à 140 livres [...] [9]80 liv. et suffisent à [...]rne.	6 ont suffi pour faire vivre les gens.	Aussitôt qu'on a tué 1 cochon, on le remplace par un autre qu'on va acheter au marché; 1 jeune cochon pèse 25 l., et coûte 15 f. quelquefois plus, quelquefois moins, il doit peser 140 l. au bout de 9 à 10 mois d'achat. — Les 6 jeunes cochons sont évalués	»	90	»	»
		A reporter.	13710	150	17743	18243

TABLEAU renfermant les principaux objets d'une exploitation

1.	2.	3.	4.	5.	6.	7.	8.	9.	10.	11.	12.	13.	14.	15.	16.
DÉSIGNATION DES OBJETS.	N°. d'ordre	DÉTAIL DES OBJETS.	Recettes, Dépenses, Produits et Travaux qui ont eu lieu en												TOTAL DES Objets susceptibles d'être totalisés
			Juillet.	Août.	Septem	Octobre	Novem	Décem.	Janvier	Février.	Mars.	Avril.	Mai.	Juin.	
	90	Quarts d'hectolitres de son pour les cochons.	26	26	23	23	23	31	51	29	31	30	31	30	331 bois-seaux à 1 boisseau.
ÉTAT N°. 13. Bêtes mortes.	91	Bêtes mortes.	2 brebis, 1 agneau.	1 brebis, 2 agneaux	1 mouton, 2 agneaux, 1 jument.	2 agnelles	3 agnelles	1 mouton, 3 brebis, 10 agneaux, 6 agnelles	8 brebis, 35 agneaux, 31 agnelles, 1 belier.	1 mouton, 3 brebis, 10 agneaux, 1 agnelle, 2 beliers,	1 mouton, 2 agneaux, 3 agnelles, 2 beliers.	4 moutons, 8 brebis, 2 agneaux, 1 agnelle, 3 beliers,	1 mouton, 6 brebis, 1 agneau, 1 agnelle,	5 brebis, 1 agneau, 2 beliers.	Moutons.. 9 Brebis... 36 Agneaux.. 66 Agnelles.. 48 Beliers... 12 Jument....
ÉTAT N°. 14. Division et force des Troupeaux.	92	Division et force des troupeaux.	620	617	614	612	609	703	704	700	697	680	671	663	663
	92	Bergeries curées.	»	»	»	»	»	»	»	»	»	»	»	»	»
	93	Agneaux nés. Agnelles nées.	» »	» »	» »	» »	» »	52 62	38 41	19 6	4 1	» »	» »	» »	113 110
ÉTAT N°. 15.	94	Contributions.	»	»	»	»	»	»	»	»	»	»	»	»	500 fr.
	95	Dépenses diverses.	16	18	»	36	22	62	16	4 75	72 25	7 35	27 60	102 55	384 50
	96	Location de santes.	»	»	»	»	»	»	»	»	»	»	»	»	150
	97	Gens de journées.	»	59	89	28	21	»	22	26 75	30 25	127 40	40 75	52 80	496 95
	98	Faucheurs à prix d'argent.	»	65	90	126	»	»	»	»	»	»	»	»	281
Ventes, Recettes, Dépenses et travaux de constructions.	99	Charron.	»	»	»	»	»	»	»	»	»	345	»	24 75	369 75
	100	Bourrelier.	»	»	»	»	»	30	»	»	»	»	118	»	148
	100	Vétérinaire et maréchal.	»	»	»	»	»	»	»	»	215	»	»	171 80	386 80
	101	Vitrier.	»	»	»	»	»	»	»	»	32 45	»	»	»	32 45
	101	Couvreur en paille.	»	»	»	»	»	»	»	»	»	»	»	»	»
	101	Charpentier.	»	16	»	»	»	39	»	»	17 50	»	»	»	72 50
		Frais de régie.	»	»	»	»	»	»	»	»	»	»	»	»	430

avec ses produits, ses dépenses et les travaux à exécuter mois par mois.

17.	18.	19.	20.	21.	22.	23.
CALCUL sur les Objets [an]née commune.	CALCUL sur les mêmes objets pour l'année dont on rend compte.	*Nota.* L'arpent a 640 perches, la perche 8 pieds 4 pouces, la denrée est le 8e. de l'arpent, l'arpent équivaut à 46 ares 90 cent. — OBSERVATIONS. — *Nota.* Le boisseau équivaut au quart d'hectolitre.	RECETTES ET DÉPENSES POSITIVES.		ÉVALUATION des Recettes et Dépenses tant réelles que fictives.	
			Rec.	Dép.	Rec.	Dép.
		Report.	13710	150	17743	18243
...de boisseau de son et ...de boisseau de p. de ...re par jour pour cha-e cochon.	331 boisseaux.	On leur donne du petit-lait, des herbes et des salades dans la saison. Le son est fourni par la ferme.	»	»	»	165
La mortalité peut être ...5 p. 100 par grosses ...tes, de 7 par antenois, 10 par agneaux.	171 bêtes.	La mortalité a été considérable, parce que j'ai fait peu de rebut; la perte sur les agneaux a surtout été grande, parce que mes bergeries n'étaient point assez chaudes pour les préserver du froid rigoureux qu'il a fait cet hiver ; les mères d'ailleurs n'avaient point été assez bien nourries et manquaient de lait ; cette double imprévoyance n'existera plus à l'avenir.	»	»	»	»
Il doit être de 1000 à ...00 bêtes.	Il est de 683.	J'ai établi sur l'état de mois du régisseur la division du troupeau, pour connaître l'époque à laquelle on met et ôte les beliers, on forme les troupeaux de mères, celui des moutons et celui des jeunes bêtes. J'établis ici la force des troupeaux pour connaître la quantité en masse qui existe.	»	»	»	»
»	»	Il vaudrait mieux curer tous les mois à cause du mauvais air nuisible aux bêtes, l'air doit être pur dans les bergeries: l'odeur ne doit point y être forte, il faut qu'une lumière y conserve sa vivacité et que les yeux n'éprouvent aucun picotement. Cet article sera supprimé, le no. 1er. du présent état indique suffisamment l'époque à laquelle on enlève les fumiers.	»	»	»	»
400	223	Un agneau mange au bout de 18 jours de l'avoine concassée et du petit foin ; craindre pour eux la faim, la soif, le mauvais air, le chancre, le tournis, que cause la chaleur. Rentrer les troupeaux dans le milieu du jour en été ; craindre aussi le grand froid qui les gèle et tarit le lait des mères.	»	»	»	»
500	500	La ferme est évaluée par le cadastre 2400 f., on paie plus du 5e. On verra que le bénéfice sur les grains est loin de payer les contributions et les frais du faire valoir, déduction faite de ceux du troupeau : la contribution de quelques terres acquises n'est pas comprise dans le détail ci-dessus ; si on veut compter les 5 à 6000 f. de frais de régie que cette exploitation coûte, l'intérêt des capitaux qu'elle emploie et les chances incertaines qui peuvent arriver, on verra que la contribution n'aurait point été en rapport avec les produits tels qu'ils étaient.	»	500	»	»
30 fr. par mois ou 360 ...r an.	On a dépensé 32 f. par mois ou 384 50 par an.	Pour vinaigre, balais, frais de transport de grains au marché et divers ustensiles de ménage.	»	384	»	»
200	150	La commune louait plusieurs chemins pour être mis en culture, la ferme les loue pour faciliter le parcours des moutons.	»	150	»	»
30 fr. par mois ou 360 ...r an.	On a dépensé 41 f. par mois ou 496 95 par an.	Pour échardonner, répandre les fumiers, etc.; tous ces frais peuvent être évalués à 1 fr. par arpent ensemencé.	»	496	»	»
...to s. l'arp. de sainfoin, ..., de fanage, 4 f. l'arp. foin, 1 fr. 10 s. de fa-ge, 6 f. l'arp. de marais, fr. de fanage.	281 fr.	Cette dépense sera plus forte lorsqu'on aura à faucher 200 arpens de prairies artificielles.	»	281	»	»
»	369 75	Voir sur les mémoires tous les ustensiles que le charron entretient; une charrue à 1 cheval avec les ferremens coûte 26 f., et sans ferremens 18 f.; charrue à 2 chevaux, 30 f.; tara pour vanner, 55 à 60 f.; 2 personnes nettoient 30 à 35 b. par heure ; cylindre pour cribler, 30 à 36 f., et crible 60 b. par heure. La paire de roues de charrue coûte 6 f.	»	369	»	»
»	148	Le bourrelier a également fourni plusieurs objets neufs : 1 harnois complet pour 1 cheval de labour coûte 28 fr.	»	148	»	»
»	386 80	Le maréchal a fourni plusieurs fers neufs pour charrue et voiture : la ferrure des 4 fers d'un cheval coûte 2 f. 16 s.	»	386	»	»
12 fr.	32 45	Cette dépense doit être de si peu de chose tous les ans, que cet article du compte sera supprimé à l'avenir et confondu dans les dépenses diverses sous le no. 95.	»	32	»	»
40	»	En construction neuve il faut 8 gerbées de 5 pieds de circonférence et du poids de 35 l., plus 2 bottes de roseaux, 30 glonds, 6 bottes de 3 pouces sur 10 à 15 pieds de long. Voir l'état no. 9 pour le prix de tous ces objets et la main-d'œuvre.	»	»	»	»
50	72 50	Je fais construire des hangars qui n'auront que 14 pieds de large, les fermes seront espacées de 16 pi., le bâtiment aura en hauteur la réduction ordinaire, le bois équarri, la charpente montée, à raison de 13 f. la ferme de 16 pieds en bois dur ou bois blanc.	»	72	»	»
600	430	J'ai un régisseur, parce que j'ai 4 établissemens semblables à celui-ci et qu'il est chargé de les inspecter tous; c'est lui qui m'envoie mes états de mois, dirige mes travaux et surveille l'exécution de mes ordres : il reçoit le 5 pour 100 sur les produits nets seulement ; ce qui est évalué pour cet établissement à	»	430	»	»
		A reporter.	13710	3398	17743	18408

Tableau renfermant les principaux objets d'une exploitation

DÉSIGNATION DES OBJETS.	N.os d'ord.	DÉTAIL DES OBJETS.	Recettes, Dépenses, Produits et Travaux qui ont eu lieu en												TOTAL DES OBJETS susceptibles d'être totalisés.
1.	2.	3.	4. Juillet.	5. Août.	6. Septem.	7. Octobre	8. Novem.	9. Décem.	10. Janvier	11. Février.	12. Mars.	13. Avril.	14. Mai.	15. Juin.	16.
	102	Traitement du maître Jacques.	»	»	»	»	»	»	»	»	»	»	»	500	500 f.
	103	Traitement des domestiques et filles.	»	»	»	188	43	137	87	31 25	43 75	50 »	»	340 »	920 f.
	104	Traitement des bergers.	»	33	43	»	»	»	37	»	73 95	43 45	»	91 75	322 f. 15 c.
	105	Gratifications des gens.	»	»	»	32	»	»	»	»	195	»	»	160 25	387 f. 25 c.
	106	Travaux hors de la ferme.	»	»	»	»	»	»	»	»	»	»	»	»	»
	107	Recette générale													
	108	Dépense générale													
		Balance													

avec ses produits, ses dépenses et les travaux à exécuter mois par mois.

17.	18.	19.		20.	21.	22.	23.
CALCUL sur les Objets [an]née commune.	CALCUL sur les mêmes objets pour l'année dont on rend compte.	*Nota.* L'arpent a 640 perches, la perche 8 pieds 4 pouces, la denrée est le 8e. de l'arpent; l'arpent équivaut à 46 ares 90 cent. — OBSERVATIONS. — *Nota.* Le boisseau équivaut au quart d'hectolitre.		RECETTES ET DÉPENSES POSITIVES		ÉVALUATION des Recettes et Dépenses tout réelles que fictives	
				Rec.	Dép.	Rec.	Dép.
		Report.		13710	3398	17743	18408
1,100	500	C'est le plus fort ouvrier de la ferme; et sa femme a soin des volailles et du ménage, elle dirige la fille de basse-cour pour tout ce qui a rapport à l'ordre, à l'économie et à la propreté : en 1821, le maître Jacques ne sera plus à traitement fixe, mais il aura une remise conformément au tableau, page 9.		»	500	»	»
charretiers de 120 à 200 filles . . . de 75 à 120	1er. charretier . 200 2e. . . . . 200 3e. . . . . 200 4e. . . . . 200 Fille . . . . 120 —— 920	Les domestiques de la ferme sont occupés à la culture des terres, à rentrer les moissons, à conduire les fumiers; la fille à soigner les vaches et le ménage, etc. : néanmoins dans le tems de l'agnelage et même pour tous les autres ouvrages, le maître Jacques les emploie quand il le juge nécessaire. Dans l'hiver il leur fait battre le grain dans la grange. *Quand un charretier est depuis trois ans dans la ferme, son traitement est porté au maximum.*		»	920	»	»
bergers. . de 50 à 200	On a donné. au 1er . . . . 150 au 2e. . . . . 120 au 3e. . . . . 52 —— 322	Les troupeaux sont faciles à conduire dans nos grandes plaines; la nature du sol et des parcours ne les expose à aucune maladie ; avec la moindre intelligence on peut être bon berger dans nos établissemens.		»	322	»	»
maître Jacques. . . 150 charretiers . . . . . 30 bergers . . . . 30 filles 20	Maître Jacques. . . 150 4 charretiers. . . . . 117 3 bergers . . . . . . 100 1 fille. . . . . 20 —— 387	Cette gratification leur est accordée pour stimuler leur zèle et pour les indemniser de ce qu'il ne leur est pas donné de vin par la ferme.		»	387	»	»
200	»	Les chevaux ont été tellement occupés à divers travaux extraordinaires, mais utiles à la ferme, que le propriétaire n'a pas voulu les employer pour un autre usage; pourtant quels que soient les travaux d'une exploitation , il est bien des jours dans l'année où des chevaux restent à l'écurie, et c'est alors qu'un propriétaire intelligent peut s'en servir sans nuire à son faire valoir.		»	»	»	»
		Les recettes réelles comprennent tous les objets qui ont donné au propriétaire un produit en argent...		13710			
		J'additionne les recettes fictives ; ce sont des objets produits par la ferme , mais qui ont été consommés pour les gens, les bestiaux, ou employés pour l'exploitation, et dont la valeur s'élève à				17743	
		Les dépenses réelles indiquent l'argent que le propriétaire a prélevé sur les recettes pour les dépenses de l'exploitation			5527		
		Les dépenses fictives indiquent aussi ce qu'un propriétaire devrait encore payer si son exploitation ne lui fournissait pas tous les objets dont il a besoin, et dans ce cas les dépenses fictives deviendraient réelles. Le montant des dépenses fictives s'élève à					18408
		On remarquera que le produit vient principalement du troupeau; dans l'état de mauvaise culture où étaient et sont encore les terres, le produit des grains serait insuffisant pour payer les dépenses de l'exploitation. Les recettes et dépenses fictives se balancent à-peu-près, puisque c'est une évaluation des objets fournis par la ferme et consommés par elle ; ces 2 dernières colonnes ont été faites pour donner une évaluation quelconque à tous les produits comme à toutes les dépenses.		BALANCE. Les recettes réelles sont de . . . . 13,710 Les dépenses réelles de . . . . . . 5,527 Reste net au propriétaire . . 8,183			

MOTIFS *de l'état pour faciliter la vérification des Produits, Recettes et Dépenses, portés au Grand Compte général.*

J'ai adopté non-seulement tout ce que j'ai cru nécessaire, mais encore tout ce qui m'a paru utile; ainsi le registre du fermier, l'état que le régisseur envoie chaque mois au propriétaire, et le grand compte général d'exploitation, suffisent pour faire connaître promptement et complétement les détails et l'ensemble d'une exploitation.

Mais j'ai pensé que beaucoup de propriétaires désireraient peut-être un compte d'ensemble pour chaque nature d'objets, afin de juger d'un coup d'œil les produits et l'emploi de ces mêmes produits; les états qui précèdent leur donnent tous ces renseignemens, mais il faudrait en faire un relevé et les réunir : c'est pour leur éviter ce soin que je présente un état qui complète tout ce qui a rapport à la comptabilité, il augmente peu le travail du régisseur, puisque ce travail se borne à réunir sous un même titre les articles qui sont disséminés dans le grand compte.

Un compte de détail est indispensable, parce que l'ordre s'établit par les détails; mais un compte d'ensemble est utile, parce qu'il prouve sans recherches si l'ordre existe dans toutes les parties.

L'administration de l'agriculture tend à établir sur des bases fixes la comptabilité d'une exploitation et tout ce qui doit être ordonné, dirigé et surveillé.

J'ai conduit cette comptabilité jusqu'à ce point, que le propriétaire le plus occupé d'autres objets peut en un instant juger ses opérations de l'année.

TABLE pour faciliter la vérification des Produits, Recettes et Dépenses de l'année, portés au *Grand Compte général*, et qui peut aussi servir à établir un Compte en matière.

TABLE pour faciliter la recherche de tous les objets portés sur les *Éta[...]*
sert à vérifier les opératio[...]

Désignat. des Objets.	NUMÉROS d'ordre.	DÉTAIL des OBJETS.	PRODUIT brut en nature.	MONTANT des Natures d'objets.	TOTAUX généraux des ventes, consommations, etc.
Culture.	1	Arpens fumés	»	»	24
	2	*Id.* labourés.	»	»	775
	3	*Id.* semés.	»	»	»
	5	Hersés, roulés.	»	»	»
Seigle.		Restait.	»	»	»
	6	Récoltés.	» }2084	»	»
	16	Battu.	2084		
	4	Boisseaux semés.	»	408	
	28	*Id.* vendus.	»	901	
	39	*Id.* aux moissonneurs.	»	220	1,977
	41	*Id.* aux batteurs.	»	86	
	56	*Id.* envoyés au moulin.	»	562	
		Criblure.	»	»	
		Reste.	107	»	»
Blé.		Restait.	35½	»	»
	7	Quantité de nombre.	» }575½	»	»
	17	Boisseaux battus.	540		
	4	*Id.* semés.	»	70	
	29	*Id.* vendus.	»	445	575½
	40	*Id.* aux moissonneurs.	»	52	
	42	*Id.* aux batteurs.	»	28¼	
		Criblure.	»	»	
		Reste.	»	»	»
Orge.		Restait.	106	»	»
	8	Quantité de voitures récoltées.	» }676	»	»
	18	Boisseaux battus.	570		
	4	*Id.* semés.	»	47	
	30	*Id.* vendus.	»	498	
	45	*Id.* aux batteurs.	»	27	676
	46	*Id.* aux gardes.	»	56	
	47	*Id.* au concierge.	»	48	
		Criblure.	»	»	
		Reste.	»	»	»
Avoine.		Restait.	275	»	»
	9	Quantité de voitures.	» }2695	»	»
	19	Boisseaux battus.	2420		
	4	*Id.* semés.	»	489	
	31	*Id.* vendus.	»	637	
	44	*Id.* aux batteurs.	»	96	2,695
	82	*Id.* aux moutons.	»	501	
	86	*Id.* aux chevaux.	»	972	
		Criblure.	»	»	
		Reste.	»	»	»

Désignat. des Objets.	NUMÉROS d'ordre.	DÉTAIL des OBJETS.	PRODUIT brut en nature.	MONTANT des Natures d'Objets.	TOTAUX généraux des ventes, consommations, etc.
Sarrazin.		Restait.	65	»	»
	10	Quantité de voitures ou boisseaux récoltés.	» }251	»	»
	20	Boisseaux battus.	188		
	4	*Id.* semés.	»	50	
	52	*Id.* vendus.	»	19	
	45	*Id.* aux batteurs.	»	9	251
	48	*Id.* au concierge.	»	14	
	89	*Id.* pour les poules.	»	179	
		Criblure.	»	»	
		Reste.	»	»	»
Pommes de terre		Restait.	240	»	»
	12	Nombre de boisseaux récoltés.	100 }540	»	»
	4	*Id.* semés.	»	»	
	33	*Id.* vendus.	»	540	
	66	*Id.* pour les gens.	»	»	540
	81	*Id.* pour les bestiaux.	»	»	
		Reste.	»	»	»
Lentilles.		Restait.	»	»	»
	14	Nombre de boisseaux récoltés.	» }11	»	»
	22	*Id.* battus.	11		
	4	*Id.* semés.	»	11	11
	36	*Id.* vendus.	»	»	
		Reste.	»	»	»
Pois.		Restait.	»	»	»
	64	Nombre de boisseaux pour les gens.	»	»	»
		Reste.	»	»	»
Chenevis.		Restait.	»	»	»
	11	Boisseaux récoltés.	» }14	»	»
	23	*id.* battus.	14		
	4	*id.* semés.	»		2½
	35	*id.* vendus.	»	2½	
		Reste.	11½	»	»
	55	Livres de chanvre.	600	»	»
Navette.		Restait.	»	»	»
	13	Nombre de boisseaux.	» }25	»	»
	21	*id.* battus.	25		
	4	*id.* semés.	»	1½	10½
	34	*id.* vendus.	»	10	
		Reste.	12½	»	»
		Restait.	1498	»	»
	15	Nombre de bottes de foin, sainfoin, trèfle	9211 }10709	»	»
	24	Sainfoin.	»	»	»
	2	Trèfle battu.	»	»	»

et le *Compte général*, qui établit en même temps un compte en matière et qui
du Compte général.

DÉTAIL des OBJETS.	PRODUIT brut en Nature.	MONTANT des Natures d'objets.	TOTAUX généraux des ventes, consommations, etc.
Sainfoin vendu.	»	»	»
Trèfle vendu.	»	»	»
Bott. de foin consom. par les moutons	»	5419	} 10709
Idem par les chevaux	»	5170	
Idem par les vaches	»	120	
Reste.	»	»	»
Restait.	» } 3495	»	»
Bott. de litière relev. l'hiver pour l'été.	3495 }	»	»
Id. consommées l'été	»	1045	1045
Paille pr. couverture	1352 gerbées.	»	»
Bottes de toutes pailles.	19126	»	»
Id. pour les moutons	»	15795	} 19126
Id. pour les chevaux	»	1742	
Id. pour les vaches.	»	1589	
Paille hachée.	»	»	»
Reste.	2430	»	»
Division et force du troupeau.	665	»	»
Agneaux et agnelles nés.	225	»	»
Bêtes mortes.	»	171	171
Moutons vendus.	»	»	»
Beliers id.	»	»	»
Brebis id.	»	12	12
Agneaux id.	»	»	»
Livres de laine.	3700	»	»
Toisons des mères.	»	»	»
Idem des moutons.	»	»	»
Idem des béliers.	»	»	»
Idem des antenois.	»	»	»
Idem des agneaux et agnelles.	»	»	»
Bergeries curées.	»	»	»
Nombre de chevaux	»	»	»
Chevaux vendus.	»	»	»
Nombre de vaches	6	»	»
Vaches vendues.	»	1	1
Veaux idem.	»	4	4
Quantité de pintes de lait de 5 vaches	3742	»	»
Nombre de poules.	133	»	»
Quantité de poulets.	144	»	»
Poulets vendus ou livrés.	»	34	34
Poules et poulets morts.	»	36	36
Restait.	» } 558	»	»
Douzaines d'œufs.	558		

Désignat. des Objets.	NUMÉROS d'ordre.	DÉTAIL des OBJETS.	PRODUIT brut en Nature.	MONTANT des Natures d'objets.	TOTAUX généraux des ventes, consommations, etc.	OBSERVATIONS.
	60	Douzaines d'œufs consom. par la ferme.	»	405 »	} 463 »	
	68	Idem vendues ou livrées.	»	58 »		
		Reste.	75	» »	» »	
	90	Nombre de cochons.	»	6 »	» »	
		Restait.	201 } 966	» »	» »	
Porcs.	54	Livres de lard.	765 }			
	58	Idem consommées par la ferme.	»	946 »	} 966 »	
	70	Liv. de porc ou viande	»	20 »		
		Reste.	»	» »	»	
Légumes	90	Boiss. de son et de légumes pour les coch.	»	331 »	331 »	
	64	Boisseaux de pois.	»	» »	» »	
	65	Idem de haricots.	»	» »	» »	
Sel.	63	Livres de sel.	»	243 »	243 »	
	94	Contributions.	»	500 »	500 »	
	95	Dépenses diverses.	»	584 50	584 50	
	96	Location de sentes.	»	150 »	150 »	
	97	Gens de journées.	»	496 95	496 95	
	98	Faucheurs à prix d'argent.	»	281 »	281 »	
	99	Charron.	»	369 75	369 75	
	100	Bourrelier.	»	148 »	148 »	
		Vétérinaire et Maréchal.	»	386 80	386 80	
	101	couvreur en paille et vitrier.	»	52 45	52 45	
		Charpentier.	»	72 50	72 50	
		Frais de régie,	»	450 »	450 »	
	102	Traitement du fermier.	»	500 »	500 »	
Frais d'exploitation.	103	Id. des domestiques et filles.	»	940 »	940 »	
	104	Idem des bergers.	»	522 15	522 15	
	105	Gratification des gens.	»	587 75	587 75	
	106	Trav. hors la ferme.	»	» »	» »	

Motifs *du Compte général de cinq années pour les comparer entre elles.*

Il est sans doute fort tranquillisant pour un cultivateur, ou pour toutes personnes qui font des opérations, d'avoir à la fin de l'année un compte général qui établisse ces opérations, cela suffit pour avoir le résultat de l'année; mais il reste encore bien des doutes à éclaircir.

A-t-on fait et bien fait ce qu'on devait pour la prospérité de chaque branche?

Cette question ne peut être résolue qu'en comparant ses opérations avec celles des autres, plutôt encore en les comparant avec les siennes propres; alors on acquiert la conviction que l'ordre adopté a été suivi, que les produits ont été en croissant et les dépenses en diminuant : principaux buts qu'on doit chercher à atteindre dans toute entreprise.

COMPTE GÉNÉRAL

de cinq années.

TABLEAU de cinq années d'exploitation contenant tous les articles du les Améliorations, les Recettes et les

Désignat. des Objets.	Nos. d'ordre	DÉTAIL des OBJETS.	1817. Recettes, Dépenses, Produits et Travaux.	1817. Calculs résultant des opérations de la ferme	1818. Recettes, Dépenses, Produits et Travaux.	1818. Calculs résultant des opérations de la ferme	1819. Recettes, Dépenses, Produits et Travaux.	1819. Calculs résultant des opérations de la ferme	1820. Recettes, Dépenses, Produits et Travaux.	1820. Calculs résultant des opérations de la ferme	1821. Recettes, Dépenses, Produits et Travaux.	1821. Calculs résultant des opérations de la ferme	Observations.
Terres fumées et labourées	1	Quantité d'arpens fumés.											J'avais d'abord rempli ce tableau, mais j'ai pensé que la marche de mon exploitation intéressant peu de personnes et que la multiplicité des chiffres augmentant beaucoup le travail de l'Imprimeur, je me suis décidé à supprimer tous les chiffres, et à conserver seulement l'état pour que l'on juge comment il doit être établi. L'exemple au n°. 16 indiquera la manière de le remplir.
	2	Quantité d'arpens labourés.											
Arpens semés	3	Quantité d'arpens semés.											
Quarts d'hect. semés	4	Quarts d'hectolitres semés.											
Grains et fourrages rentrés.	5	Herse, roulé, butté, fauché.											
	6	Nombre de seigle récolté.											
	7	Nombre de blé.											
	8	Voitures d'orge.											
	9	Voitures d'avoine.											
	10	Voitures de sarrasin.											
	11	Quarts d'hectolitres de chenevis.											
	12	Quarts d'hectolitres de pommes de terre.											
	13	Quarts d'hectolitres de navette.											
	14	Quarts d'hectolitres de lentilles.											
	15	Bottes de foin. / Bottes de sainfoin et trèfle.											
Grains battus.	16	Quarts d'hectolitres de seigle battus.	1100 boisseaux.	Le nombre a vendu 1 b. a/3.	1127 boisseaux.	Le nombre a vendu 1 b. 517.	3084 boisseaux.	Le nombre a rendu 1 b. 7/18.					
	17	Quarts d'hectolitres de blé.											
	18	Quarts d'hectolitres d'orge.											
	19	Quarts d'hectolitres d'avoine.											
	20	Quarts d'hectolitres de sarrasin.											
	21	Quarts d'hectolitres de navette.											
	22	Quarts d'hectolitres de lentilles.											
	23	Quarts d'hectolitres de chenevis.											
	24	Quarts d'hectolitres de sainfoin.											
	25	Quarts d'hectolitres de trèfle.											
	26	Bottes de litière relevées l'hiver pour l'été.											
	27	Bottes de litière consommées l'été. / Paille pour couvertures fournie par la ferme.											
Grains vendus.	28	Quarts d'hectolitres de seigle vendus.											
	29	Quarts d'hectolitres de blé.											
	30	Quarts d'hectolitres d'orge.											
	31	Quarts d'hectolitres d'avoine.											
	32	Quarts d'hectolitres de sarrasin.											
	33	Quarts d'hectolitres de pommes de terre.											
	34	Quarts d'hectolitres de navette.											
	35	Quarts d'hectolitres de chenevis.											
	36	Quarts d'hectolitres de lentilles.											
	37	Quarts d'hectolitres de sainfoin.											
	38	Quarts d'hectolitres de trèfle.											
Grains livrés.	39	Quarts d'hectolitres de seigle aux moissonneurs.											
	40	Quarts d'hectolitres de blé aux mêmes.											
	41	Quarts d'hectolitres de seigle aux batteurs.											
	42	Quarts d'hectolitres de blé aux mêmes.											
	43	Quarts d'hectolitres d'orge aux mêmes.											
	44	Quarts d'hectolitres d'avoine aux mêmes.											
	45	Quarts d'hectolitres de sarrasin aux mêmes.											
	46	Quarts d'hectolitres d'orge en garde pour les chiens.											
	47	Quarts d'hect. d'orge au concierge pour les pigeons.											
	48	Quarts d'hect. de sarrasin au même pour les pigeons.											
Produit de la basse-cour.	49	Quantité de pintes de lait.											
	50	Livres de beurre.											
	51	Livres de fromages.											
	52	Douzaines d'œufs.											
	53	Quantité de poulets.											
	54	Livres de lard.											
	55	Quantité de bottes de toutes pailles. / Livres de chanvre.											
	56	Nombre de gens attachés à la ferme. / Quantité de grains envoyés au moulin.											
	57	Livres moulurées.											
	58	Livres de lard.											
	59	Livres de beurre.											
Produit de la basse-cour.	60	Douzaines d'œufs.											
	61	Pintes de lait.											

...rand Compte général avec des calculs importans pour comparer les produits, Dépenses de chaque année entre elles.

Désignat. des objets.	Nos d'ordre.	DÉTAIL des OBJETS.	1817. Recettes, Dépenses, Produits et Travaux.	1817. Calculs résultant des opérations de la ferme.	1818. Recettes, Dépenses, Produits et Travaux.	1818. Calculs résultant des opérations de la ferme.	1819. Recettes, Dépenses, Produits et Travaux.	1819. Calculs résultant des opérations de la ferme.	1820. Recettes, Dépenses, Produits et Travaux.	1820. Calculs résultant des opérations de la ferme.	1821. Recettes, Dépenses, Produits et Travaux.	1821. Calculs résultant des opérations de la ferme.	Observations.
consommé par la ferme;	62	Fromage.											
	63	Livres de sel.											
	64	quarts d'hectolitres de pois.											
	65	quarts d'hectol. de haricots.											
	66	Quarts d'hectolitres de pommes de terre. Bois consommé.											
	67	Quantité de livres de beurre.											
	68	Douzaines d'œufs.											
	69	Poules.											
	70	Livres de porc ou viande.											
produit de la basse-cour rendu livré au propriétair	71	Moutons vendus.											
	72	Béliers vendus.											
	73	Brebis vendus.											
	74	Agneaux vendus. Livres de laine.											
	75	Toisons des mères. Toisons des moutons. Toisons des béliers. Toisons des antenois. Toisons des agneaux.											
	76	Veaux vendus.											
	77	Vaches vendues.											
	78	Chevaux vendus.											
	79	Quantité de bottes de paille pour moutons.											
	80	Quantité de bottes de foin.											
	81	Pommes de terre.											
	82	Quarts d'hectolitres d'avoine.											
	83	Quantité de chevaux. Bottes de paille pour les chevaux.											
consommations en fourrage gratis.	84	Bottes de foin.											
	85	Paille hachée.											
	86	Quarts d'hectolitres d'avoine.											
	87	Quantité de vaches. Bottes de paille pour les vaches.											
	88	Bottes de gros foin.											
	89	Quantité de poules et volailles. Criblure pour les poules.											
	90	Nombre de cochons. Quarts d'hectolitres de son pour les cochons.											
bêtes mortes.	91	Bêtes mortes.											
division et force des troupeaux.	92	Division et force des troupeaux. Bergeries curées.											
	93	Agneaux nés. Agnelles nées.											
	94	Contributions.											
	95	Dépenses diverses.											
	96	Locations de sentes.											
	97	Gens de journées.											
	98	Faucheurs à prix d'argent.											
	99	Charron.											
	100	Bourrelier.											
	101	Vétérinaire et Maréchal. Vitrier. Couvreur en paille. Charpentier.											
ventes, recettes, dépenses travaux de construction;	102	Frais de régie. Traitement du maître Jacques.											
	103	Traitement des domestiques et filles.											
	104	Traitement des Bergers.											
	105	Gratifications des gens.											
	106	Travaux hors la ferme.											
	107	Recettes générales.											
	108	Dépenses générales.											

Motifs *de l'Inventaire général de tous les objets quelconques existant à la Ferme.*

Un inventaire général est toujours utile dans les établissemens où chaque article est une portion du capital ; ce capital augmente ou diminue selon le soin des personnes chargées de la directiou et de la surveillance de l'exploitation : souvent on achète un article, parce qu'on ne l'a pas sous la main, quand la moindre recherche le ferait trouver.

En cas de mutation de gens, il sera facile de faire rendre compte à chacun avant son départ des objets qu'on lui a confiés ; dans les revues d'inspection, on trouvera plus facilement chaque objet et l'on jugera du soin de chaque employé.

Cet inventaire, qui doit être établi ou au moins contrôlé tous les ans, oblige le propriétaire ou la personne chargée de la surveillance de passer chaque année une inspection générale et de vérifier chaque article en particulier ; à l'aide de cet inventaire, on est en outre à même de reconnaître si le revenu, toutes dépenses déduites, est en proportion du capital que l'on a mis ; cela est important pour se rendre compte de toutes ses opérations : car il peut se faire que le revenu d'un établissement augmente momentanément et que le capital diminue sans espoir de se réformer, ce qui serait une perte réelle ; de même ce revenu peut diminuer et le capital croître, ce qui serait une véritable augmentation.

Un propriétaire qui ne connaîtrait pas tous les ans la valeur de ses capitaux pourrait être trompé ; on pourrait vendre une partie de ses bestiaux et semences, etc., et en porter le prix en recette avec les revenus, ce qui le jetterait dans une erreur funeste.

L'inventaire des objets de mon exploitation peut servir à ceux qui auraient le projet de former des établissemens ; ils y verront à-peu-près tout ce qu'il leur faut et ce qu'il leur en coûtera pour se le procurer : cet inventaire peut encore donner à ceux qui ont des fermes le moyen de s'assurer si leur exploitation n'est pas montée avec trop de luxe.

ETAT n°. 6.

INVENTAIRE GÉNÉRAL.

INVENTAIRE GÉNÉRAL contenant tous les objets qui existent à la

Désignat. des Objets	N° d'ordre	DÉTAIL des OBJETS	En quelle quantité ils existent	S'ils sont neufs, à réparer ou hors d'état de servir	Prix qu'ils ont coûté à acheter et ce qu'ils valent s'ils sont fourn. par la ferme	TOTAL GÉNÉRAL	OBSERVATIONS indiquant l'état dans lequel se trouve chaque objet lors de l'inspection.
N°. 1.	1	Châssis de lit.	6		50 »		
	2	Paillasses.	»				
Effets de Coucher.	3	Matelas.	8	6 grands 4 petits	250 » 60	544 »	
	4	Traversins.	6		20 »		
	5	Couvertures.	7	1 grande 6 petites	60 » 120 »		
N°. 2.	6	Draps.	37	27 grands 10 petits	524 80 80 »		c
	7	Nappes.	2		4 »		
	8	Serviettes.	»		» »		
	9	Essuie-mains.	6		4 »		
Linge...	10	Tabliers.	9		13 »	479 80	
	11	Torchons.	18	12 bons 6 mauvais	9 »		
	12	Sacs p'. le grain.	15		36 »		
	13	Semoirs.	2		9 »		
N°. 3.	14	Armoire.	1		72 »		
	15	Buffet, bois bl.	1		30 »		
	16	id. bois dur	1		40 »		
	17	Grande table, bois dur.	1		28 »		
	18	Petite table.	1		8 »		
	19	Bancs, bois dur.	2		6 »		
	20	Chaises de paill.	12		18 »		
	21	Poêle de fonte.	1		12 »		
	22	Tuyaux.	12 pieds		12 »		
	23	Plaque de cheminée.	»		» »		
Effets d'ameublement.	24	Chenêts.	2 paires	bons.	12 »	266 25	
	25	Crémaillère.	1	id.	6 »		
	26	Pelle à feu.	1	id.	2 »		
	27	Pincettes.	1	id.	2 »		
	28	Soufflet.	1	id.	1 50		
	29	Fourgon.	1	id.	3 »		
	30	Pelle à four.	1	id.	3 »		
	31	Casses.	1	id.	2 »		
	32	Couvercles de four.	1	id.	5 »		
	33	id. en fer blanc.	2	id.	5 »		
	34	Arrosoirs de chambre.	1	id.	» 75		
N°. 4.	35	Chaudrons.	5	id.	10 »		
	36	Marmites.	2	id.	11 »		
	37	Poêle à frire.	1	id.	3 »		
	38	Gril.	1	id.	3 »		
	39	Trois-pieds.	1	id.	1 »		
	40	Cuiller à pot.	1		1 50		
	41	Salad. en osier	1	mauv.	» 50		
	42	Poêlon.	2		3 »		
	43	Ecumoirs.	1		» 50		
	44	Couperet.	1		5 »		
	45	Grand couteau.	1		» 75		
	46	Seaux à puits.	3		9 »		
	47	Saloir en bois.	1		6 »		
	48	Corbeilles.	15		7 »		
	49	Sacs.	2		7 »		
	50	Cuill. d'étain.	22	bonnes 4 mauvaises	6 »		
	51	Fourchettes.	22	20 petites 2 grandes	5 »		

Désignat. des Objets	N° d'ordre	DÉTAIL des OBJETS	En quelle quantité ils existent	S'ils sont neufs, à réparer ou hors d'état de servir	Prix qu'ils ont coûté à acheter et ce qu'ils valent s'ils sont fourn. par la ferme	TOTAL GÉNÉRAL	OBSERVATIONS indiquant l'état dans lequel se trouve chaque objet lors de l'inspection.
	52	Lampe.	1		3 »		
	53	Chandelier.	1		» 50		
	54	Cuvier.	1		17 »		
	55	Balance.	2	1 petite 1 grande	24 » 3 »		
Ustensiles de Ménages.	56	Paniers à fromage.	1		1 »	281 55	
	57	Paniers à poulet	2		2 »		
	58	id à légumes.	5		» / »		
	59	Sonnette.	1	bonne	6 »		
	60	Horloge	1		11 »		
	61	Romaines.	2	1 grande 1 petit	20 » 1 70		
	62	Thermomètre.	1		2 50		
	63	Lanternes.	5	3 grandes 2 petites	20 » 17 »		
	64	Cruches.	2		» 60		
	65	Plats de terre.	6		2 »		
	66	Assiettes.	24		5 »		
	67	Encrier.	1		» 50		
	68	Bouteilles.	4		1 »		
	69	Terrines de grès	3		1 50		
	70	Pots à lait.	21		10 »		
	71	Barates à beurre	1		3 »		
	72	Bouteilles de grès.	2		1 »		
	73	Salières.	2		» 75		
	74	Met à pain.	2	1 bois dur 1 bois bl.	24 » 18 »		
	75	Cages à poulets	2		2 »		
	76	Éclisses.	5		1 25		
	77	Clissons.	12		2 »		
	78	Seaux à traire.	2		3 »		
N°. 5.	79	ciseaux à tondre	15		45 »		
	80	Coignées.	1	mauv.	3 »		
	81	Scies.	2		8 »		
	82	Serpes.	5	bonnes	9 »		
Outils et Ustensiles.	83	Coins en fer.	1	bons	5 »	77 85	
	84	Marteau.	1	id.	2 »		
	85	Tenailles.	1		2 »		
	86	Vrilles.	2		» 65		
	87	Crible.	1		4 »		
	88	Lucerette.	4		1 20		
N°. 6.	89	Bêches.	2		10 »		
	90	Râteaux.	1	bons.	» 75		
Outils de jardinage.	91	Hoyau.	1		3 »	18 95	
	92	Arrosoir.	1	mauv.	4 »		
	93	Tarrière	1		1 20		
N°. 7.	94	Charrues.	8	3 à 1 chev. 5 à 2 chev.	120 » 230 »		
	95	id. à biner.	1		80 »		
Charrues.	96	id. à plusieurs socs.	»		» »	510 »	
	97	id. de Brie.	1		80 »		
N°. 8.	98	Charrettes.	4	3 bonnes 1 mauvais.	178 »		
	99	Chariot.	»		» »		
Charrettes	100	Tombereaux sans roues.	2	bons.	48 »	733 »	
	101	Roues à larges jantes.	3 paires.	1 mauvais 2 bonnes	507 »		
N°. 9.	102	Herses.	4		28 »		

Ferme depuis le plus petit ustensile de ménage jusqu'aux bestiaux.

Désignat. des Objets.	NUMÉROS d'ordre.	DÉTAIL des OBJETS.	En quelle quantité ils existent.	S'ils sont neufs, à réparer ou hors d'état de servir.	Prix qu'ils ont coûté à acheter et ce qu'ils valent s'ils sont fourni par la ferme.	TOTAL GÉNÉRAL.	OBSERVATIONS indiquant l'état dans lequel se trouve chaque objet lors de l'inspection.
Herses etc.	103	Herses en fer.	1		27 »		
	104	Herseaux.	5		17 »	159 »	
	105	Rouleaux.	2	bons.	78 »		
N°. 10.	106	Coupe-racine.	1		53 »		
	107	Hache-paille.	1		36 »		
	108	Tara.	1		55 »		
	109	Cylindre.	1		55 »		
	110	Vans.	4		14 »		
	111	Faux.	2		18 »		
	112	Faucilles.	1		» 50		
	113	Boisseaux.	1		9 »		
	114	Pelles à grains.	2		1 50		
	115	Fourches à faner.	2		4 »		
	116	Passoires.	2		2 »		
Ustensiles d'agriculture.	117	Fléaux ou battoirs.	2		2 »	418 90	
	118	Râteaux ou fauchets.	4		2 40		
	119	Râteaux.	7	3 grands 4 petits.	8 50		
	120	Brouettes.	2		14 »		
	121	Sarclots.	2		1 »		
	122	Compas.	1		5 »		
	123	Pierre à puits.	1		50 »		
	124	Echelles.	5		50 »		
	125		2	bons.	48 »		
	126		2 pair.		6 »		
	127		2		2 »		
	128	Longes ou cordes de chanvre.	20		4 »		
N°. 11.	129	Colliers.	9		81 »		
	130	Brides et croupières.	9		72 »		
	131	Selles de limon.	3	médio.	27 »		
	132	Selles à monter.	1	mauv.	24 »		
	133	Bridons.	1	bons.	7 6c		
	134	Licous.	8	id.	24 »		
	135	Sous-ventrières.	2		10 »		
Harnois de chevaux et effets d'écurie.	136	Traits de harnois.	6	bons.	60 »		
	137	Étrilles.	4	bonnes et mauvaises	5 »	374 20	
	138	Traits en fer.	1	bons.	7 50		
	139	Pattes de fer.	2	id.	4 »		
	140	Coffre à avoine.	1	id.	25 »		
	141	Vannettes.	1	id.	1 »		
	142	Crochets en fer.	4		12 »		
	143	Fourches de fer.	6	3 à 3 dents 3 à 2 dents	7 50 / 6 »		
	144	Pelles ferrées.	2		2 50		
N°. 12. Râteliers et baquets.	145	Pieds de râteliers	624		320 »		
	146	Pieds de bières ou crèches.	216		101 »	415 »	
	147	Auges en bois portatives.	3		12 »		
	148	Baquets.	6		12 »		
N°. 13. Objets divers.	149	Paniers à mouches.	25	bons.	25 »		
	150	Plateaux pour les mouches.	25		44 »		
	151	Meules à repasser les outils.	1		5 50	82 25	
	152	Poids en fonte.	6		6 »		
	153	Cadenas.	1		1 75		

Désignat. des Objets.	NUMÉROS d'ordre.	DÉTAIL des OBJETS.	En quelle quantité ils existent.	S'ils sont neufs, à réparer ou hors d'état de servir.	Prix qu'ils ont coûté à acheter et ce qu'ils valent s'ils sont fourni par la ferme.	TOTAL GÉNÉRAL.	OBSERVATIONS indiquant l'état dans lequel se trouve chaque objet lors de l'inspection.
N°. 14. Chevaux.	154	Chevaux hongres.	»		»		
	155	Chevaux entiers	2		700		
	156	Jumens.	7		2800	3800	
	157	Poulains.	3		180		
	158	Pouliches.	2		120		
N°. 15. Vaches.	159	Taureaux.	»		»		
	160	Vaches.	5		700	800	
	161	Génisses.	1		100		
	162	Veaux.	»		»		
N°. 16. Moutons.	163	Beliers et antenois.	66		3960		
	164	Moutons et antenois.	114		3420		
	165	Brebis et antenoises.	361		18050	27930	
	166	Agneaux.	*52		1040		
	167	Aguelles.	75		1460		
N°. 17. Cochons.	168	Cochons.	5		100	100	
N°. 18. Chèvres.	169	Chèvres.	2		24	27	
	170	Chevreaux.	1		3		
N°. 19. Chiens.	171	Chiens.	1		30	30	
N°. 20.	172	Coqs.	10		10		
	173	Poulets.	115		115		
Volailles.	174	Poules.	100		50	179	
	175	Dindes.	1		4		
	176						
	177						
N°. 21. Terres, prés et bois	178	Terres.	500		125000		
	179	Prés et marais.	30		7500	142500	
	180	Bois.	25		10000		
N°. 22. Semences.	181	Semences.	1600		2900	2900	dont 600 b. en seigle et froment, 600 en orge et avoine, 600 ou p. de terre et sarrasin.
N°. 23.	182	Maison du fermier.	1		8000		
	183	Vacherie ou poulailler.	1		3000		
Maison, écurie, etc	184	Écurie à gauche et hangar.	1		7000	26000	
	185	Bergerie en tuile.	1		4000		
	186	Bergerie en paille avec mur.	1		4000		
N°. 24.	187	Grange.	1		5000		
Bâtimens.	188	Poulailler.	1		100		
	189	Porcellières.	4		200	5300	
	190	Colombier.	»		»		

RÉCAPITULATION.

Nos.			
1.	Effets de coucher	544	»
2.	Linge	479	80
3.	Effets d'ameublement	266	25
4.	Ustensiles de ménage	281	55
5.	Outils et ustensiles	77	85
6.	Outils de jardinage	18	95
7.	Charrues	510	»
8.	Charrettes	733	»
9.	Herses et rouleaux	150	»
10.	Ustensiles d'agriculture	418	90
11.	Harnois de chevaux et effets d'écurie	374	10
12.	Râteliers et baquets	415	»
13.	Objets divers	82	25
14.	Chevaux	3,800	»
15.	Vaches	800	»
16.	Moutons	27,930	»
17.	Cochons	100	»
18.	Chèvres	27	»
19.	Chiens	30	»
20.	Volailles	179	»
21.	Terres, prés et bois	142,500	»
22.	Semences	2,900	»
23.	Maison, écurie, etc.	26,000	»
24.	Bâtimens	5,300	»

TOTAL GÉNÉRAL, deux cent quinze mille neuf cent quarante-sept francs soixante-cinq centimes.. . . . . 215,947 65

MOTIFS *de l'état des dimensions des Bâtimens.*

L'état des dimensions des bâtimens a peu besoin d'explication, on sent qu'il sert à mettre le propriétaire à même de juger ce que ses bâtimens peuvent contenir de bestiaux, volailles, grains, fourrages, etc., et de faire toutes les dispositions qu'il croit utile.

Un fermier entasse souvent les bestiaux les uns sur les autres, faute de connaître ce que ses emplacemens peuvent contenir ; ce défaut de prévoyance nuit essentiellement à leur santé, tandis que, quand tout se trouve calculé et réglé à l'avance, il ne peut y avoir de confusion.

DIMENSIONS des Bâtimens de la Ferme d

Nos. d'ordre	DÉSIGNATION des BATIMENS.	Longueur.	Largeur.	Hauteur de la partie habitée.	Hauteur des sinots.	Bestiaux et Animaux.	Pieds du râtelier.	Bottes de fourrage.	Pieds carrés.	OBSERVATIONS.
1	Maison du fermier.	Pieds 55	Pieds 35	Pieds 9	Pieds 17	Bêtes. »	Pieds »	Bottes »	Pieds »	La maison est distribuée ainsi qu'il suit : chambre à coucher, chambre commune où l'on prend le repas, magasin ; plus il y a à chacune de ces chambres un petit cabinet. Le sinot est converti en grenier pour recevoir les grains.
2	Vacherie.	36	16	8	14	12	36	»	576	3 pieds de râtelier par vache.
3	Ecurie.	36	16	9	12	9	36	»	576	4 pieds de râtelier par cheval et 8 pieds de long.
4	Bergerie à droite du portail.	72	24	10	17	176	246	»	1,728	1 pied 1/2 de râtelier par mouton, 6 pieds carrés par bête. Cette bergerie est construite en pierre ; elle est destinée aux mères au moment de l'agnelage, à cette époque les mères et les agneaux ont besoin d'être tenus chaudement.
5	Bergerie à gauche.	84	15	10	14	192	288	»	1,260	*Idem.*
6	Grande Bergerie en face.	171	24	10	12	600	900	»	4,104	Cette bergerie est un hangar soutenu par des poteaux ; l'hiver je le ferme de tous côtés avec des pailles destinées aux litières d'été, en été il est fermé par de simples claies. Une travée de 14 pieds de long sur 30 de large, y compris un bas côté, doit coûter 284 f. et contenir 75 bêtes; or chaque bête coûte 3 f. à loger. Comme j'ai le bois et la paille, elle ne me coûte qu'un fr. *Détail du prix d'une travée* : 35 solives............ 84 ; équarrissage et const. 50 ; 200 gerbées........ 70 ; Couvreur en paille.. 20 ; Chevrons et lattes... 60 } 284 f.
7	Grange.	130	40	»	25	»	»	20,000	5,200	La meilleure exposition est le levant et le couchant, les batteurs sont à l'abri du vent du nord et les grains à l'abri des pluies qui viennent du midi et des fortes chaleurs de l'été.
8	Poulàiller.	16	13	8	»	250	»	»	208	Il y a 40 niches pour que les poules y pondent; chaque niche à 17 pouces de profondeur et 10 po. de largeur, deux poules pondent souvent dans la même niche : les perchoirs sont rangés tout au tour du poulailler de manière à ne pas gêner la levée des œufs et pour laisser la facilité de nettoyer les nids, chose essentielle.
9	Toits à porcs.	5	4	3 1/2	»	1 gros ou 2 petits.	L'auge a 2 pieds 1/2.	»	20	5 pieds carrés par porc. Le plancher de la loge doit être élevé de terre de 6 pouces et fait avec de vieilles planches de chêne dans lesque les on percera des trous pour l'écoulement des urines; on fera en dessous un petit fossé pour que ces urines se rendent dans un trou à fumier, par ce moyen les animaux sont toujours sainement. L'auge pour donner à manger doit être en dehors, il y aura une planche qui se rabattra pour que la pluie ne tombe pas dans leur nourriture et que les poules ne la mangent pas.

13

MOTIFS *de l'état des Travaux à exécuter mois par mois, et des principaux objets sur lesquels on doit fixer également chaque mois l'attention plus particulière du Propriétaire, du Régisseur et même du Fermier.*

Il m'a paru que dans les grandes exploitations, sur-tout dans celles régies loin de l'œil du maître, il devait y avoir un état pareil à celui que j'indique, afin que, lorsque le propriétaire ou l'inspecteur visite l'établissement, il échappe le moins de choses possibles à sa surveillance.

Peu de propriétaires connaissent l'époque précise des travaux de culture, pourtant ils sont bien aises de savoir le genre de travail auquel on doit se livrer chaque mois.

D'ailleurs tous les objets d'une ferme ne se présentent pas à la pensée; il faut admettre encore le cas où l'une des personnes qui doivent inspecter les travaux serait absente ou malade et obligée de se faire remplacer; alors on conviendra qu'avec un pareil état personne n'est étranger à l'exploitation, tout le monde peut juger de la situation de l'établissement et en rendre compte.

Si l'on est convaincu de cela, l'utilité de l'état est suffisamment démontrée.

ÉTAT DES TRAVAUX à exécuter mois par mois, et des principaux objets sur lesquels on doit fixer également chaque mois
l'attention plus particulière du Propriétaire, du Régisseur et
même du Fermier.

ÉTAT des travaux à exécuter mois par mois et des principaux objets sur lesquels on doit

N°. d'ordre.	DÉTAIL DES OBJETS.	Juillet.	Août.	Septembr.	Octobre.	Novembr.	Décembre.	Janvier.	Février.	Mars.	Avril.	Mai.	Juin.	Observations.
1	Fumiers.	Les arroser dans les cours et bergeries.	Les arroser.	Les arroser.		Veiller à ce que le fumier des fourrages ne se perde pas.				Plâtrer.	Plâtrer.	Plâtrer.		
2	Labours.	Labour pour enterrer les semences de seigle.	De même pour semences de seigle et de froment.	De même pour semence de froment.	Labours profonds.	Labours profonds.	Labours profonds.		1er. labour dans les terres maigres.	Labourer pour avoine.	Sombrer ou 1er. labour dans les terres déblavées.	Retrancher ou 2e. labour.	De même.	
3	Semences et grains.	Passer les semences de seigle au crible. Nettoyer les greniers.	Cribler semences de seigle et de froment. Mettre des herbes fortes à ceux qui ont du charançon.	Chauler le froment. Remuer les grains.	Changer celles de froment, chauler.	Remuer les grains.	De même.	De même.	Cribler l'avoine pour semence.	De même. Vendre froment, orge, seigle et avoine.	Cribler les orges. Semer les pommes de terre.	Passer le sarrasin au tarare. Vanner le chenevis.		
4	Seigle.	Récolter, fumer, 1er. labour, semer, herser, rouler et battre les semences.	Fumer, 2e. labour, semer, herser, rouler.							Fumer, 1er. labour, rouler ce qui ne l'a pas été avant l'hiver ou si la terre a été battue par une pluie.	Fumer, 2e. labour.	Fumer, 2e. labour, sarcler.	Fumer, 2e. labour.	
5	Blé.	Fumer.	Récolter, rentrer.	Fumer, 2e. labour, semer, herser.	Fumer, 2e. labour, semer, herser.					Rouler par un temps sec.	1er. labour.	1er. labour, sarcler.	Fumer, 2e. labour.	
6	Orge.		Récolter.	1er. labour.	1er. labour.				2e. labour, herser avant de semer s'il y a des mottes.	2e. labour, semer, herser, rouler après qu'il est levé.	3e. labour, semer, herser, rouler, après qu'il est levé.	Sarcler.		
7	Avoine.		Récolter.	1er. labour, récolter et la rentrer après qu'elles ont été javelées.	1er. labour.				2e. labour, semer, herser.	2e. labour, semer, herser, rouler après qu'il est levé.		Sarcler.		
8	Sarrasin.			1er. labour, récolter.	1er. labour, récolter.	Rentrer.				2e. labour.	2e. labour.	2e. labour, semer, herser, rouler après qu'il est levé.		
9	Chanvre.		Cueillir la femelle.	Cueillir le mâle, le battre sur un drap, faire rouir la femelle.	1er. labour, herser s'il y a de fortes mottes. Faire rouir le mâle, le retirer et le faire sécher.					2e. labour.	2e. labour, herser s'il y a des mottes.	Fumer, 3e. labour, semer.		
10	Pommes de terre.	Biner à la charrue pour la 2e. fois.		1er. labour.	Récolter.	Préserver de la gelée.	Les visiter.		2e. labour.	Fumer, 3e. labour, planter.	Fumer, 3e. labour, planter.		Biner à la charrue pour la 1ere. fois.	
11	Navette.		Récolter celle de mai.								Semer la navette d'hiver dans l'orge.	Semer celle de mai, semer celle d'hiver dans le sarrasin.	Récolter celle d'hiver.	
12	Lentilles.	Récolter.	Faucher.			2e. labour, semer les lentilles d'hiver.				1er. labour.				
13	Foin, gros foin, sainfoin, trèfle et luzerne.	Rentrer le foin, faucher le gros foin.	Faucher le gros foin, le mettre en meule.	Faucher le gros foin et le mettre en meule. 2e. coupe du trèfle.		Rentrer les meules.	Rentrer les meules.			Semer le sainfoin, le trèfle, la luzerne.	Semer le sainfoin, le trèfle, la luzerne.	Faucher le sainfoin, le rentrer. 1re. coupe du trèfle.	Faucher le foin et sainfoin et la 1ere. coupe du trèfle.	
14	Bottes de litière relevées pour l'été.					Relever de la litière dans les bergeries et la mettre à couvert.	De même qu'en novemb.	De même qu'en novembre.	De même qu'en novembre.	De même qu'en novembre.	De même qu'en novembre.			
15	Bottes de litière consommées l'été.	Donner 5 bott. de litière pour 100 bêtes.	De même qu'en juillet.	De même qu'en juillet.	De même qu'en juillet.							Donner 5 bottes de litière par 100 bêtes.	De même qu'en mai.	
16	Paille pour couverture.					Faire des gerbées avec les pailles dont les moutons ont mangé les épis.	De même qu'en novembre.	De même qu'en novembre.	De même qu'en novembre.	De même qu'en novembre.	De même qu'en novembre.			
17	Récoltes.	Seigle. Veill. les moissonn. pour qu'ils fauchent bas, assez, pas trop mûr, botellent et en nombre bien.	Blé, obs. qu'en juill. Oron. l'enlèv. sur les prairies artificielles. Avoine. la laisser javeler.	Sarrasin. Le laisser sécher avant que de la mettre en tas.	P. de terre. Les récolter par un beau temps et les rentrer de suite.							Navette. La battre dans le champ aussitôt qu'elle est récoltée.	S'assurer de ses moissonneurs.	
18	Battage.	Visiter les pailles battues pour voir s'il ne reste pas de graines et s'assurer de la probité des batteurs.	S'assurer si on a des batteurs en assez grand nombre pour fournir à la consommation et au commerce.	De même qu'en juillet et août.	De même qu'en juillet et août.	De même qu'en juillet et août.	De même qu'en juillet et août.	De même qu'en juillet et août.	De même qu'en juillet et août.	De même qu'en juillet et août.	De même qu'en juillet et août.	De même qu'en juillet et août.	De même qu'en juillet et août.	
19	Quantité de toutes pailles.	Placer toutes les pailles dans les éluots de crainte des souris.	De même.	Calculer toutes les pailles que l'on a dans ses granges pour la nourriture de ses bestiaux.		Acheter s'il est besoin.			S'informer si les calculs sur les pailles ont été justes et si on en a suffisamment pour attendre la récolte.					
20	Gens attachés à la ferme.	Examiner si le nombre des gens doit être augmenté ou diminué.										Prendre des mesures pour remplacer les gens qui se disposent à quitter la ferme ou qu'on doit changer.		

fixer également chaque mois l'attention plus particulière du Propriétaire, du Régisseur et du Fermier.

N°. d'ordre.	DÉTAIL DES OBJETS.	Juillet.	Août.	Septembr.	Octobre.	Novembr.	Décembre.	Janvier.	Février.	Mars.	Avril.	Mai.	Juin.	Observations.
21	Grains et autres consommations pour les gens.	S'assurer si le meûnier rend le même poids en farine.		Récolter les noix avec soin pour qu'elles remplacent les fromages dans la nourriture.	Récolter les pommes avec soin pour qu'elles remplac. également le fromage qui est rare à cette époque.	Faire un grand usage des pommes de terre.	De même qu'en novemb.	De même qu'en novembre.	De même qu'en novembre.	Semer tous les légumes nécessaires pour l'été et l'hiver.	Le jardin doit fournir en abondance tous les légumes nécessaires.	De même qu'en avril.	De même qu'en avril.	
22	Sel et bois de chauffage.	Ramener une provision de sel en revenant de conduire les laines à Paris.				S'assurer si l'approvisionnement de bois pour le four et le poêle est rentré.								
23	Domestiques.													
24	Bergers.	Les troupeaux doivent toujours être à bon pas des mais. et troupeaux voisins, de même qu'en avril.	Surveiller pour les prairies artificiell. et les marais, de même qu'en juillet.	De même qu'en juillet et août.	Défendre d'aller dans les luzernes fauchées.						Leur défendre les prairies artificielles, et leur recomm. de faire gard. par les chiens les champs ensemencés.	De même qu'en avril.	De même qu'en avril.	
25	Gens de journée.	Aident les moissonneurs.	De même.		Ramassent les pommes de terre.	On ne doit plus employer aucune espèce de gens de journ.	De même qu'en novembre.	De même qu'en novembre.	De même qu'en novembre.	De même qu'en novembre.	De même qu'en novembre.	De même qu'en novembre.	Rechardonnent font les foins et sainfoins.	
26														
27	Troupeaux.	Oter les étouilles des pieds, donner le bélier, les rentrer dans la grande chaleur.	Veiller à la pourriture, donner le bélier, les rentrer dans la grande chaleur.	Se purgent par le nez; ôter le bélier, ou le laisser si l'on veut des agneaux tardifs.	Craindre la rosée, le chancre; compter les bêtes.	La rosée, la pourriture, la boisson, surpren de fourrage, diviser le troupeau par 100 bêtes dans les bergeries.	Brouillards, gelées blanches, affourrager agnelage; litière relevée.	Agnelage, la boisson, la bergerie; décrotter les pieds.	De même qu'en janvier. Compter les bêtes, châtrer.	Châtrer, vergr. moutons, béliers; pourriture. Sevrer les agneaux, couper la queue.	Décrotter au derrière; saurer.	Tondre près la verge.	Tondre les bêtes, les compter.	
28	Nourriture des troupeaux.	Rien.	Rien.	Rien.	Rien.	Un peu de paille selon le temps.	Paille, gros foin, pommes de terre, paille hachée selon le temps.	De même qu'en décemb. et de l'avoine aux mères et agneaux.	De même qu'en janvier.	De même qu'en janvier.	Un peu de paille selon le temps.	De même qu'en avril.	Rien.	
29														
30	Chevaux et jumens			Sevrer les poulains.					Pouline.	L'étalon aux jumens.	L'étalon aux jumens.			
31	Nourriture des chevaux.	Avoine, paille hachée, paille, foin.	De même qu'en juillet.	De même qu'en juillet.	De même qu'en juillet.	Diminuer la ration; donner avoine, paille hachée, gros foin.	De même qu'en novembre.	De même qu'en novembre.	Donner la ration ordinaire, avoine, paille hachée, foin.	De même qu'en mars.	De même qu'en mars.	De même qu'en mars.	De même qu'en mars.	
32	Vaches.													
33	Nourriture des vaches.	Paille, paillotte, herbe.	De même qu'en juillet.	De même qu'en juillet.	De même qu'en juillet.	Paille, paillotte, gros foin.	De même qu'en novembre.	De même qu'en novembre.	De même qu'en novembre.	De même qu'en novembre.	De même qu'en novembre.	Paille, herbe des champs.	De même qu'en mai.	
34	Poules et volailles.	Chaponner; pondent, nettoyer; elles couvent.	Pondent; nettoyer.	Chaponner; pondent; nettoyer.	Pondent; nettoyer.	Nettoyer.		Nettoyer.	Pondent.	Pondent; nettoyer.	Pondent, couvent; nettoyer.	Pondent, couvent; nettoyer.	De même qu'en mai.	
35	Nourriture des poules et volailles.	Diminuer davantage leur nourriture à cause des moissons.	De même qu'en juillet.	De même qu'en juillet.	De même qu'en juillet.	Augmenter leur nourritur.	De même qu'en novembre.	De même qu'en novembre.	Un peu de sarrasin pour les pousser à la ponte.	De même qu'en février.	De même qu'en février.	Diminuer leur nourriture.	De même qu'en mai.	
36	Cochons et leur nourriture.	Donner des salades et herbages avec le son.	De même qu'en juillet.	De même qu'en juillet.	De même qu'en juillet.	Donner des pommes de terre cuites.	De même qu'en novembre.	De même qu'en novembre.	De même qu'en novembre.	De même qu'en novembre.	De même qu'en novembre.	Donner des salades et herbages avec le son.	De même qu'en mai.	
37	Travaux hors de la ferme.	Conduire les laines à Paris.				Réparer les chemins, rentrer les bois.	Réparer les chemins.	Conduire du sable dans les allées des jardins.	De même qu'en janvier.					
38	Bâtimens.			Visiter les couvertures.	Visiter les couvertures.	Veiller à ce que l'écoulem. des eaux n'ait pas lieu contre les bâtim. qu'elles n'y séjournent pas. Visiter les cheminées.	Fermer les lucarnes des greniers à cause de la neige, bien clore les berger., prend. des précaution crainte du feu.	De même qu'en décemb.	De même qu'en décemb.	Ouvrir les bergeries, les lucarnes des greniers.				
39	Ventes des grains et bestiaux.			Vendre seigle et froment si le grain est rare.	Vendre les moutons, les vaches.	Vendre les moutons, les vaches, dindons et canards.	Acheter des moutons.	Vendre le seigle et le froment.	Vendre de l'avoine et de l'orge.	Vendre de l'avoine et de l'orge; vendre chevaux et géniss.	Vendre navette et chenevis.			
40	Dispositions générales.	Faire l'inventaire général des grains et fourrages.				L'inspection générale des instrumens aratoires. Vérification de l'inventaire général.			Inspection générale des instrumens aratoires.				Inspection générale des charrettes.	

Motifs *de l'état du prix commun des ouvriers, travaux, objets de construction et ustensiles, et du prix commun des denrées, et objets produits et consommés par la Ferme.*

Un fermier ou un propriétaire qui fait valoir pour son compte a besoin à tout moment de connaître le prix commun des ouvriers et objets qu'il emploie dans sa ferme, pour les comparer avec ceux portés dans son compte; il a également intérêt de connaître le prix commun des denrées que produit ou consomme sa ferme.

Cet état servira donc à faciliter toutes les recherches qu'on aura à faire à ce sujet.

Avec ces renseignemens, on peut faire tous les calculs qu'on jugera à propos, tant sur les produits et les dépenses positives ou présumées que sur toutes les constructions et améliorations faites ou projetées,

PRIX
COMMUNS DES OUVRIERS
ET DES DENRÉES.

Prix communs des ouvriers employés à la ferme, des travaux à y faire,

Désignat. des Objets.	Numéros d'ordre.	Détail des Objets.	Prix de ces objets, année commune.	Observations.
Habitans de la ferme.	1	Charretiers.	De 150 à 200 fr. par an.	
	2	Bergers.	De 60 à 200 fr. id.	
	3	Filles de basse-cour.	De 80 à 120 fr. id.	
	4	Gardeurs de dindons.	De 30 à 50 fr. id.	
	5			
Ouvriers employés à la ferme.	6	Moissonneurs pour seigle et blé.	1 boisseau et demi à 2 boisseaux par arpent.	
	7	Faucilleuses.	Idem.	
	8	Faucheurs par arpent d'avoine.	15 sous.	
	9	Id. par arpent de pré.	4 fr.	
	10	Id. par arpent de marais.	6 fr.	
	11	Batteurs.	Le 21e.	
	12	Terrassiers.	25 sous en hiver, 30 s. en été.	
	13	Planteurs.	2 liards à 1 sou par pied carré.	
	14	Coupeurs de bois.	5 fr. le cent de fagots.	
	15	Femmes de journées.	12 sous par jour.	
	16			
Chefs d'ateliers.	17	Bourrelier.	5 fr la journée.	
	18	Charron.	5 fr. id.	
	19	Maréchal.	5 fr. id.	
	20	Serrurier.	5 fr. id.	
	21	Maçon.	2 fr. 10 sous id.	
	22	Menuisiers.	5 fr. id.	
	23	Charpentier.	3 fr. id. ou 100 fr. du cent de bois.	
	24	Couvreur en tuile.	2 fr. 10 sous la journée.	
	25	Id. en paille.	2 fr. 10 s. la journée, ou 2 s. la gerb ou 1 f. la tois	
	26			
Instrum. aratoires.	27	Charrue à 1 cheval.	50 fr.	
	28	Id. à 2 chevaux.	55 fr.	
	29	Charrette à moisson.	60 fr.	
	30	Id. à fumier.	40 fr.	
	31	Tombereau avec ferremens.	50 fr.	
	32	Roues avec ferremens.	170 fr.	
	33	Herse.	7 fr.	
	34	Herseau.	3 fr. 10 sous.	
	35	Charrue à biner.	68 fr.	
	36	Taro.	55 fr.	
	37	Cylindre.	35 fr.	
	38	Coupe-racine.	53 fr.	
	39	Hache-paille.	36 fr.	
	40	Crible.	5 fr.	
	41	Van.		
	42			
	43			
Harnois de chevaux.	44	Licous.	3 fr.	
	45	Longe.	25 sous.	
	46	Collier.	9 fr.	

Désignat. des Objets.	Numéros d'ordre.	Détail des Objets.
Harnois de chevaux.	47	Brides et cro…
	48	Selle de li…
	49	Sous-ventr…
	50	Traits en ch…
	51	
	52	
Bois et matériaux pour constructions.	53	Bois dur…
	54	Bois blan…
	55	Voliges de pe…
	56	Idem.
	57	Pierre dur…
	58	Pierre de c…
	59	Carreaux de …
	60	Pièce de craie de…
	61	Carreaux de t…
	62	Chaux.
	63	Ciment.
	64	Briques.
	65	Pavés de 7 à 8 p…
	66	Fer de char…
	67	Fer.
	68	Clous.
	69	
	70	Lattes.
	71	Lattes en sa…
	72	Paille pour couve…
	73	Glonds.
	74	
	75	
	76	
	77	
Grains et fourrages.	78	Blé.
	79	Seigle.
	80	Orge.
	81	Avoine.
	82	Sarrasin.
	83	Navette.
	84	Lentilles.
	85	Haricots.
	86	Pommes de terre.
	87	Chenevis.
	88	Foin.
	89	Gros foin.
	90	Paille.
	91	
	92	

denrées et objets produits et consommés par les gens et les bestiaux.

PRIX [DE] CES OBJETS [a]nnée commune.	OBSERVATIONS.
8 fr.	
9 fr.	
5 fr.	
8 fr.	
300 fr. le cent de bois.	
à 250 fr. le cent.	
fr. le cent, 6 pieds long, 7 p. de large.	
12 fr. la toise ; asport	
sous la voiture ; asp. 30 s. à 3 chev.	
5 sous la pièce.	
1 fr.	
5 fr. le mille.	
6 fr. le muid.	
sous le boisseau.	
25 fr. le mille ; asport	
6 fr. le cent.	
7 fr.	
7 sous la livre.	
14 sous la livre.	
24 sous la botte.	
à 40 fr. le cent, 5 pieds de tour.	
fr. 10 s. le mille.	
fr. le boisseau de 40 livres.	
fr. le boisseau de 38 livres	
fr. 10 s. le boisseau de 51 livres.	
fr. 5 s. le boisseau de 20 livres.	
fr. 6 s. le boisseau de 25 livres.	
4 fr. le boisseau.	
fr. le boisseau de 47 livres.	
6 fr. le boisseau.	
5 s. le boisseau de 40 livres.	
5 fr. le boisseau.	
o fr. le cent de 10 livres la botte.	
o fr. le cent de 10 livres la botte.	
o fr. le cent de 20 livres la botte.	

Désignat. des Objets.	NUMÉROS d'ordre.	DÉTAIL des OBJETS.	PRIX DE CES OBJETS année commune.	OBSERVATIONS.
Divers objets de consommation pour les gens.	93	Huile de graine.	2 fr. la pinte.	
	94	Sel.	5 sous la livre.	
	95	Lard.	12 à 15 sous la livre.	
	96	Lait.	5 sous la pinte.	
	97	Beurre.	12 sous la livre.	
	98	OEufs.	7 sous la douzaine.	
	99	Fromage.	4 sous la pièce.	
	100	Laine.	De 2 à 3 fr. en suint.	
	101	Miel.	15 à 18 sous la livre.	
	102	Cire.	30 à 40 sous la livre.	
	103	Son.	15 sous le boisseau de 14 livres.	
	104			
	105			
Chevaux, bestiaux et volailles.	106	Chevaux.	350 fr.	
	107	Jumens.	350 fr.	
	108	Vaches.	80 à 110 fr.	
	109	Génisse d'un an.	30 à 40 fr.	
	110	Moutons communs.	15 fr. la pièce.	
	111	Mères communes.	12 à 15 fr. la pièce.	
	112	Moutons espagnols.	24 à 30 fr. la pièce.	
	113	Mères espagnoles.	40 fr. pièce.	
	114	Dindons.	8 fr. la paire.	
	115	Poulets.	1 fr. 4 sous la paire.	
	116	Canards.	1 fr.	
	117	Pigeons.	15 à 30 sous la paire.	
	118	Cochon de lait.	10 à 15 fr.	
	119			
	120			
	121			

Motifs *qui m'ont déterminé à m'abonner avec le maréchal, le bourrelier et le charron, pour l'entretien annuel des objets de leurs états.*

Avant que j'eusse fait avec les chefs d'ateliers les marchés qu'on verra ci-après, je payais tous les objets entretenus dans mes établissemens sur des mémoires vérifiés et arrêtés ; mais j'ai reconnu 1°. que ce mode augmentait considérablement une sorte de surveillance et les écritures qu'il faut diminuer autant que possible, sur-tout dans un établissement agricole ; 2°. que les ouvriers, soit par intérêt, soit par routine, fournissaient toujours des objets trop faibles qui cassaient peu de temps après qu'ils avaient été livrés; 3°. qu'ils ne se pressaient jamais de faire les raccommodages, ce qui causait souvent une dépense double; 4°. que les gens de la ferme étaient même quelquefois obligés de faire ces raccommodages, et que tout en y mettant du zèle et de l'intelligence, comme ils n'avaient pas les outils nécessaires, ils fatiguaient d'avantage l'instrument à réparer et perdaient beaucoup de temps ; tandis que maintenant les fournisseurs surveillent constamment les ouvriers et les outils d'agriculture, et indiquent eux-mêmes comment chaque objet doit être traité et soigné. Les objets confectionnés et entretenus sont faits à présent avec de bonnes marchandises.

Enfin ce sont des inspecteurs naturels et intéressés à la conservation de mes instrumens aratoires ; ajoutez à cela que les rapports qui existent entre les employés de la ferme et les ouvriers, seront tous dans l'intérêt du propriétaire, que les premiers considéreraient faire tort ou à un des fournisseurs s'ils brisaient par maladresse ou violence un des instrumens qui leur sont confiés, tandis que quand le propriétaire payait sur mémoire, ils croyaient au contraire enrichir les fournisseurs et pensaient que le propriétaire avait le moyen de payer, sans pour cela qu'ils fussent animés d'un esprit de désordre.

Mes outils seront plus solides, l'intérêt des fournisseurs le veut, et celui de mon agriculture l'exige, ce que je ne pouvais pas obtenir : mes gens seront moins souvent et moins long-temps dérangés, à cause de la surveillance que les fournisseurs exercent chaque semaine.

Ainsi on doit donc adopter un mode qui joigne à tous les avantages que je viens d'indiquer celui de faire connaître au propriétaire ce que lui coûte par an l'entretien des principaux articles de ses dépenses.

On ne doit pas plus craindre de mauvaise foi de la part de l'ouvrier que l'ouvrier n'en doit craindre de la part du propriétaire, ils sont liés par leur intérêt commun; le cultivateur doit désirer que toutes les dépenses de son exploitation soient réglées avec ordre et économie, et l'ouvrier doit recevoir le salaire de son travail; en calculant tous les objets dans une proportion raisonnable pour tous les deux et en faisant même pencher la balance du côté de l'ouvrier, le propriétaire aura encore intérêt à traiter ainsi que je l'indique : on sent que les prix que je donne sont ceux de mes localités, qu'ils doivent varier selon les difficultés qu'on rencontre dans le sol qu'on cultive.

Etat des Abonnemens faits avec le Maréchal, le Bourrelier et le Charron, à compter du

Nos. d'Ordre.	DÉSIGNATION des Objets.	PRIX des Objets par an.	DÉTAIL des principaux objets entretenus.	QUANTITÉ de chaque objet existant à la ferme.	DÉPENSE générale.	OBSERVATIONS.
			MARÉCHAL.			Le maréchal a tous les vieux fers.
		fr. c.		Chevaux	fr. c.	
1	Ferrage d'un cheval......	10 »	Les fers neufs et entretien de clous.......	10	100 »	
2	Fers de charrue, grande ou petite.	9 »	Le fer ou soc, les deux chaînes, les champions, le garde-racine, l'essieu, le maillet, etc...	8	72 »	
3	Fers d'une voiture grande ou petite.	12 »	Le bandage, les frètes, les cordons, les fers de l'essieu, les érondelles, les esses, les ranchets, clous à rivets et rambatages, etc...	4	48 »	
4	Fourches à 2 et 3 dents et crochets.	10 »	Fourches à 2 et 3 dents et crochets......	»	10 »	Prix fixé en masse pour tous les objets de cette nature existant à la ferme.
5	Divers objets.........	20 »	Tous les fers de harnois, de trait, de limon, etc., fers de tombereaux, de la verpille, des brouettes, le foyer, les seaux à eau et tous autres ustensiles de ménage........	»	20 »	Même observation que ci-dessus.
					250 »	
			BOURRELIER.			Le bourrelier a tous les vieux cuirs.
1	Harnois de limon........	8 »	Une selle, une dossière, une paire d'avaloires ou reculemens, une sous-ventrière, etc...	4	32 »	Je n'établis seulement que quatre harnois de limon ; mais il en faut cinq pour les époques des moissons, des foins, des transports des fumiers, etc.
2	Harnois de trait........	10 »	Un collier, un licou, une bride, une housse, couverte, émouchette, fourreaux et émancillons, etc...	10	100 »	Tous les chevaux doivent avoir le harnois de trait, parce que tous labourent.
3	Selles...........	8 »	Selles à monter, avec brides et 10 verges pour les charretiers...	1	8 »	Il faut toujours une selle pour les courses extraordinaires ; d'ailleurs mes charretiers me conduisent souvent faire mes inspections de ferme.
					140 »	
			CHARRON.			Le charron a tous les vieux bois.
1	Voitures.........	18 »	Grandes avec leurs roues........	4	72 »	
2	Voitures.........	6 »	Petites avec leurs roues......	1	6 »	
3	Tombereaux........	8 »	Avec leurs roues.........	»	» »	
4	Tombereaux........	2 »	Sans roues......	2	4 »	
5	Charrues.........	8 »	Avec roues en bois......	8	64 »	
6	Charrues.........	7 »	Avec roues en fer......	»	» »	
7	Charrues.........	6 »	A biner......	1	6 »	
8	Herses.........	2 50	Grandes en bois......	2	5 »	
9	Herses.........	1 »	En fer......	2	2 »	
10	Herseaux.........	» 50		5	2 50	
11	Râteaux.........	» 50	Grands et petits......	8	4 »	
12	Rouleaux.........	» 50	Entretien seulement......	2	1 »	
13	Brouettes.........	1 »	Garnies de leurs roues grandes ou petites...	2	2 »	
					168 50	

Nota. Depuis 1819, époque à laquelle j'ai établi l'Administration de l'agriculture, j'ai augmenté ma culture ; l'état ci-dessus présente les objets existant en 1821, et si sur le Grand Compte général, aux mêmes articles, on trouve une dépense plus forte, c'est que les ouvriers ont fourni des objets neufs.

Marché *fait avec le maréchal pour la ferme de*

Je soussigné   maréchal, demeurant à
m'oblige d'entretenir et réparer pendant dix ans et même plus, si le propriétaire le juge à propos, en bon état et de manière à ce qu'ils fassent un bon service, à compter du
tous les instrumens aratoires et autres objets ci-après désignés qui existent dans la ferme de
et ceux des fermes que le propriétaire pourrait faire établir aux prix fixés ainsi qu'il suit :

1º. Pour les fers et ferrage d'un seul cheval, 10 fr. par an ;

2º. Pour tous les fers d'une charrue grande ou petite, 9 fr. par an ;

3º. Pour tous les fers d'une voiture grande ou petite, compris les ferremens des roues, 12 fr. par an ;

4º. Pour toutes les fourches à deux et trois dents et crochets pour tirer les fumiers, en nombre suffisant pour le service de la ferme, 10 fr. par an ;

5º. Et enfin tous les fers en général des harnais, de chevaux de limon, de trait, des colliers, ainsi que les ferremens du tombereau, de la verpille, des brouettes, le foyer, les seaux à puits et tous autres ustensiles de ménage et d'exploitation, ainsi que les ferremens et outils de jardinage, seront entretenus et refaits à neuf lorsqu'il en sera nécessaire, le tout ensemble pour 20 fr. par an ; les serpes et bêches seulement sont exceptées : lorsque ces outils seront hors d'état d'être raccommodés, ils seront refaits à neuf aux frais du propriétaire.

Au moyen du présent marché et des réparations continuelles, le propriétaire n'aura jamais rien à fournir ni à payer pour les fers neufs ou en réparations pendant la durée du présent, tout ce qui a rapport à mon état devant être entretenu et refait à neuf par moi aux prix ci-dessus exprimés.

Il est convenu aussi que tous les vieux fers m'appartiendront, excepté les serpes et bêches.

Les objets remplacés à neuf seront plus forts que les vieux, ainsi que le désire le propriétaire, et faits avec de bons fers.

Pour l'exécution du présent marché, il sera dressé tous les six mois un état détaillé des chevaux, charrues, voitures, travaillant dans la ferme, ainsi que de tous les ustensiles dont il est parlé ci-dessus, afin de fixer la somme à payer.

Moitié de la somme due par le propriétaire sera payée le 1ᵉʳ. janvier, et l'autre moitié le 1ᵉʳ. juillet suivant, et ainsi de suite d'année en année.

Il est encore convenu que s'il était reconnu nécessaire d'augmenter le nombre des chevaux et instrumens aratoires, charrues, voitures, etc., le prix des objets augmentés serait payé à part par le propriétaire, et ensuite ils seront compris dans l'état des articles entretenus.

Tous les fers et ustensiles, dont il est question au présent marché, devront être entretenus en bon état et de manière à ne jamais retarder les travaux d'exploitation et autres.

S'il s'élevait quelque discussion, elle serait réglée par deux arbitres, l'un choisi par le propriétaire, l'autre par le fournisseur ; et, dans le cas où ces arbitres ne seraient pas d'accord, il en serait désigné un troisième par l'autorité locale, et celui auquel on aurait fait droit pourrait réaliser le marché s'il le jugeait à propos.

Si le propriétaire ajoutait des instrumens de nouvelle invention ou qu'il changeât la forme de ceux qui existent, les articles changés seront modifiés à l'amiable.

Le présent marché sera résilié de plein droit dans le cas où le propriétaire cesserait de faire valoir.

Fait et arrêté en double expédition après lecture faite.

Nota. Des marchés analogues à celui ci-dessus ont été passés avec les autres fournisseurs.

Mᴏᴛɪғs *qui déterminent à faire un état des principales maladies des bestiaux,
Volailles, etc.*

Celui qui est à la tête d'une exploitation a rarement le temps de lire ; cependant il se trouve bien des circonstances où il doit avoir recours , en fait de maladies sur-tout , aux observations faites par les savans, souvent alors il fait des recherches longues et infructueuses.

C'est pour économiser un temps précieux en agriculture qu'il faut avoir cette analyse ; elle ne comprendra d'ailleurs que les bestiaux et animaux que l'on veut avoir et élever dans son établissement ; elle se bornera simplement à faire connaître la description des maladies, les remèdes à y appliquer, et sur-tout les moyens de les prévenir.

Eᴛᴀᴛ n°. 10.

EXTRAIT de divers ouvrages concernant les maladies des bêtes à laine, et principalement de celui de M. *Tessier.*

Extrait de divers ouvrages concernant les maladies des bêtes à laine, et principalement de de M. Tessier.

Bêtes à laine.

NOMS des MALADIES.	DESCRIPTION.	D'où elles proviennent principalement.	DIVERS REMÈDES A APPLIQUER et quelques préservatifs.	Observati...
Claveau.	Les animaux sont tristes, dégoûtés, languissans, les jambes de derrière rapprochées de celles de devant ; ils ont soif, ils éprouvent une grande chaleur, il paraît sur leurs corps des boutons qui grossissent par degré, qui sont d'abord rouges, ensuite blancs, tantôt bombés, tantôt aplatis ; les premiers qui se forment sont à la face ; le dedans des cuisses, les aisselles, le dessous de la queue, le ventre, les mamelles ; au bout de quatre ou cinq jours l'éruption est faite, les boutons se remplissent de pus, se dessèchent et forment une croûte noire qui tombe.		Éviter soigneusement toute communication, les chiens même peuvent apporter cette maladie ; laver ceux qu'on achetera sans le moindre retard ; le régime des bêtes qu'on traitera, consistera en une nourriture de bonne qualité, les fourrages frais et un mélange de son gras et d'avoine avec de l'eau, aiguisée d'un peu de sel marin ; à celles qui seront trop faibles on donnera deux poissons de vin en deux fois, ou à la même dose une décoction de racines de persil, de lentilles, ou une infusion de plantes aromatiques, telles que thym, lavande, sauge ; si les bêtes ne peuvent manger au râtelier, il faut leur faire manger du pain dans du vin ; s'il survient un dépôt, on l'ouvrira quand il sera en maturité et on le pansera avec de l'essence de térébenthine, un jaune d'œuf animé d'un peu d'eau-de-vie.	Le claveau être benin ou quand une mo paisse découle et que la tête est malin et ran les bêtes en r nent : Cette m est aussi conta qu'une maladi l'être ; elle per rer 3 mois et 6.
Gale.	Des filamens de la toison se détachent ; la bête se frotte contre les murs, les arbres, les râteliers, les claies, se gratte avec ses pattes et ses dents ; en écartant la laine on trouve la peau plus épaisse : où la bête se gratte, on y voit des écailles, des croûtes ou petits boutons, qui, s'ils sont nouveaux, sont rouges ou enflammés ; elle commence sur la croupe, la queue, le dos, puis sur le flanc et le cou ; les bêtes n'en mangent pas moins bien et ruminent également dans le commencement ; quand elle est forte, elles perdent l'appétit : il y a gale sèche et gale humide, l'humide est la plus mauvaise.	On l'attribue à des insectes, espèce de mites ; elle est à craindre en automne, c'est la chaleur des bergeries qui la donne : les bergers négligens la laissent prendre à leurs troupeaux ; elle provient principalem. de la poussière, des intempéries des tems, de la mauvaise nourriture, de la pluie, des brouillards et si elles couchent sur un sol frais.	Éviter les troupeaux galeux ; les bien nourrir à la ferme, leur faire boire de l'eau dans les chaleurs, ne les point excéder de fatigue et les tenir proprement, laver ceux qu'on achète, gratter les boutons avec les ongles et mettre de l'huile de cade ou de l'essence de térébenthine, un tiers de la première et deux tiers de l'autre ; on peut encore mettre de la lessive de cendre ou eau de lessive, dont on lavera et frottera fortement les animaux quand ils seront tondus. Il y a d'autres remèdes encore. On peut leur donner à manger un mélange de fleur de soufre avec de l'avoine, du son, et du sel marin ou du salpêtre.	
Dartres.	Boutons qui forment des ulcères et des croûtes d'où suinte une humeur, l'animal en est douloureusement affecté ; il y en a de sèches et de farineuses. Cette maladie n'est pas contagieuse, les dartres poussent au-dessus du sabot et à la joue.		On propose de laver les bêtes avec une décoction de racine de réglisse dans laquelle on fait dissoudre un gros de sublimé corrosif ; pour seconder ce traitement on saigne, et on les met à la paille et à l'eau blanche.	
Noir museau ou vivragne.	Cette maladie a des rapports avec la gale, son siége ordinairement est sur le museau ; elle s'étend quelquefois aux côtés de la tête jusqu'aux oreilles : on la reconnaît à des croûtes brunes plus ou moins larges.	Des blessures que se font les animaux sur cette partie de la tête en passant dans les chaumes, les ronces, les épines, la malpropreté et la chaleur des bergeries, les poux et la gale, contribuent à la donner : les agneaux l'ont quand le pis de la mère est sale.	Frotter les croûtes et mettre dessus un peu d'onguent composé d'une partie de fleur de soufre et de deux de graisse ou suif ; veiller à ce qu'il n'en tombe pas dans les yeux : séparer les bêtes.	
Chancre ou Muguet des agneaux.	Les agneaux qui en sont attaqués ont l'intérieur de la bouche et les lèvres couverts de boutons qui les tourmentent, les empêchent de teter, et si elle dure, les fait mourir de faim ; elle n'est pas très-contagieuse.		On fait un mélange de poivre, de sel et de vinaigre, et avec un linge trempé dans ce mélange on étuve fortement et à plusieurs reprises les lèvres de l'agneau, et ce remède procure la guérison. On exprime le lait de la mère dans la bouche de l'agneau pendant quelques jours.	
Des Boiteries ou Maladie de pieds.	Les bêtes boitent fortement, souvent elles se couchent pour manger ; si c'est le résultat d'un panaris, le pied a de la chaleur, il se forme un ulcère à la réunion de la fourchette avec écoulement.	Elle provient de chicot, de brins de chaumes ou autres ordures qui se placent entre la fourchette, sur-tout de la boue quand il gèle qui leur fend le pied ; quelquefois encore la corne s'allonge trop.	Visiter le pied de la bête qui boite, le nettoyer et le panser, si cela est nécessaire, avec de l'eau de Goulard ou de l'essence de térébenthine ; quand il y a tumeur, on propose de fendre la sole et d'enlever avec une bistoire jusqu'au vif ; on mettra les bêtes dans l'infirmerie pour les panser et on placera une bonne nourriture à leur portée.	Toutes les mal de pied sont à près les mêmes ; viennent de sale demandent le m traitement.
Maladie du pis.	Les bêtes qui allaitent ont le pis engorgé ; l'engorgement passé, il s'y forme du pus, souvent l'humeur dégénère en gangrène.	De la malpropreté de la bergerie, de la dureté du sol, des coups de tête des agneaux en tetant leurs mères.	Regarder le pis des brebis qui paraissent l'avoir gonflé ; s'il y a du pus, on ouvrira les endroits où l'on sentira de la fluctuation ; on laissera les brebis sur la paille fraîche, on les pansera avec un mélange de térébenthine et de jaune d'œuf à parties égales. S'il y a gangrène, on scarifiera la partie et on appliquera un emplâtre d'onguent de stirax.	
Du Charbon.	Maladie gangreneuse ; les animaux qu'elle attaque meurent souvent avant qu'on puisse les secourir ; il se forme des tumeurs qui sont très-dures, elles s'étendent en peu de temps, elles noircissent et répandent une odeur infecte.	On l'attribue à des boissons malsaines ou à des courses forcées.	Il n'y a guère que les sétons qui préserveraient les bêtes. Si la maladie était dans le voisinage, on pourrait pourtant leur faire prendre du sel marin et du vinaigre, on en aspergerait même leur fourrage : quand le charbon est déclaré, on doit cautériser les tumeurs, soit avec le fer chaud, soit avec le caustique : on panse ensuite avec de l'onguent suppuratif.	Maladie danger à soigner, pre toutes les précaut les hommes peu en souffrir.

Suite des Bêtes à laine.

NOMS des MALADIES.	DESCRIPTION.	D'où elles proviennent principalement.	DIVERS REMÈDES A APPLIQUER et quelques préservatifs.	OBSERVATIONS.
Pourriture ou mal pourri.	Cette maladie se prononce l'automne et l'hiver, les progrès sont lents, elle influe sur l'état des toisons et sur la qualité de la laine qui perd de son nerf. La bête qui en est menacée a une démarche lente et tous les mouvemens sont faibles, elle mange moins que les autres et ne rumine pas aussi bien. La bouche et les yeux sont décolorés, en appuyant la main sur la croupe elle s'affaisse, en prenant l'animal par un pied qu'il laisse retenir facilement quand la maladie est plus avancée. L'animal a le soir sous la ganache une tumeur aqueuse, effet d'une infiltration sous la peau, qui se dissipe le matin; ce symptôme est un de ceux qui frappent le plus, il annonce toujours une perte prochaine : si l'on ouvre la bête, on trouve les chairs livides, les viscères blafardes, l'eau épanchée dans le bas-ventre, dans la poitrine et la tête, le poumon et le foie gâtés, le foie est pâle.	D'une abondance du fluide aqueux occasionnée par les brouillards, les rosées, des bergeries humides, ou parcours dans les terres et prairies humides.	Ne pas faire paître dans les prairies humides ou par la rosée, par les brouillards, avoir une bergerie souvent curée et sèche. A la première indice de pourriture on met du fer dans la boisson, on fera boire des décoctions aromatiques, telles que feuilles de sauge, lavande, thym, genièvre et du vin blanc, ou trois ou quatre cuillerées de vin rouge à-la-fois; on pense que du sel marin conviendrait bien : on propose les amers, tels que racine de chicorée sauvage ou de l'avoine de son; on peut encore donner une demi-once de quinquina, une once de poudre de charbon passée dans un tamis fin et quantité suffisante de miel.	On peut encore faire bouillir dans du vin rouge une poignée d'écorces de marrons d'Inde pendant un quart d'heure, y joindre une cuillerée de sel ordinaire et un peu d'eau-de-vie.
Diarrhée ou dévoiement.	Les bêtes les plus faibles souvent ne résistent pas à cette diarrhée; quand elle se prononce en dysenterie, les bêtes rendent le sang et meurent au bout de trois ou quatre jours.	Elle provient de ce que les bêtes prennent les nouvelles herbes avec trop d'avidité, elle vient quelquefois à la suite du claveau.	Leur donner du fourrage sec et ne pas les mener aux champs par un temps humide et froid, les tenir même quelque temps à la bergerie et leur donner un demi-verre de vin rouge par jour.	
De la genestade.	Difficulté d'uriner.	On l'attribue au genêt d'Espagne.	En ne donnant pas de cette graine ni d'autres qui ont sa vertu; elle se guérit avec de l'eau blanchie par un peu de farine, ou une décoction de graines de lin, de mauve, de guimauve, etc.	
Maladie de bois.	Cette maladie est lente; les bêtes urinent beaucoup, les excrémens sont durs; elles cessent de ruminer, elle est inflammatoire.	A la quantité de bourgeons qu'elles mangent et dont elles sont gourmandes.	Ne pas envoyer les bêtes dans les bois pendant le temps de la pousse, donner des boissons abondantes d'eau blanche et saigner à la jugulaire le troisième ou le quatrième jour.	
Du sang ou chaleur.	On ne prévoit pas cette maladie, la bête s'arrête tout à coup, paraît étourdie, chancelle et trébuche sur ses jambes; elle ouvre la bouche, écume et rend du sang par le fondement et le canal des urines, tombe à la renverse, bat du flanc, râle et meurt dans l'espace d'une demi-heure; alors il sort des narines un sang noir et épais; son corps ne tarde pas à se gonfler et à se putréfier : si l'on ouvre l'animal on voit tous les vaisseaux de la peau remplis de sang et les chairs violettes.	Elle a lieu principalement en été, elle enlève quelquefois beaucoup de bêtes; c'est aux mois de juillet et août qu'elle est à craindre, c'est la chaleur qui la donne.	Eviter les grandes chaleurs de juillet et août, et sur-tout dans les temps chauds et orageux, mener les bêtes doucement et les mettre à l'abri, avoir les bergeries fraîches en été, propres et souvent curées : le seul remède est la saignée à la veine qui est sous l'œil au bas de la joue, donner après de l'eau vinaigrée, en faire boire l'été avec exactitude et mesure, quand elles ont été sur des terres sèches et couvertes de poussière.	
Rhume des brebis.	Le naseau se bouche, ou bien il découle une morve plus ou moins fluide; les bêtes s'ébrouent fréquemment et lèvent la tête pour respirer plus facilement par la bouche.	Le changemont subit du chaud au froid, les pluies, la fraîcheur des nuits lorsqu'elles sont au parc.	Cette maladie se guérit facilement; séparer les bêtes malades des autres, leur donner une chaleur modérée, leur faire des fumigations avec de l'eau bouillante simplement.	
Maladie du Tournis.	La marche est incertaine et chancelante; tantôt la bête devance le troupeau, tantôt elle est à la queue, le quitte et se perd, a la tête lourde qu'elle tourne d'un seul côté, quelquefois et assez long-temps de suite, lève le nez en l'air, tombe et se relève pour retomber et se relever encore, elle s'égare aux champs, ne mange pas, soit parce qu'elle ne voit pas, soit parce qu'elle perd l'appétit; elle reste couchée, étourdie, stupide, elle dépérit peu-à-peu et meurt dans le marasme. La marche de cette maladie est très-lente et quelquefois pourtant assez prompte; si l'on ouvre la tête de la bête, on trouve des boules d'eau dans le crâne.	Des hivers humides et doux dans les fermes exposées au débordement, dans les bergeries basses : la trop grande chaleur des bergeries affaiblit les agneaux.	Eviter les grandes chaleurs d'été, la trop grande boisson, l'humidité en hiver, avoir des bergeries toujours tempérées et toujours saines.	
Gonflement de la panse.	Une augmentation sensible au ventre du côté gauche, lenteur dans la marche, abattement ou la perte des forces, trébuchement, respiration gênée; lorsqu'elle est fortement affectée, elle résiste peu et tombe morte : ouverte, on trouve la panse pleine de matières.	Surabondance d'aliment ou quelques gaz produits de la fermentation des matières contenues dans l'estomac. Quand un troupeau a vécu de fourrage sec ou de grain et qu'il mange beaucoup d'herbe appétissante.	Ne pas laisser manger aux bêtes une trop grande quantité de nourriture, ne pas les conduire dans les prairies tendres ou les y faire passer rapidement sauf à les y ramener. Quand la bête a cette maladie, ne lui rien donner à manger, lui tenir la bouche ouverte avec une cuiller, la forcer à l'ouvrir, lui frotter le dos et le ventre. On fera avaler à l'animal si le mal est violent de la lessive de cendre et de l'eau de savon, et on le fera marcher un peu vite.	

NOMS des MALADIES.	DESCRIPTION.	D'où elles proviennent principalement.	DIVERS REMÈDES A APPLIQUER et quelques préservatifs.	OBSERVATIONS
		Bêtes à cornes.		
		Chevaux.		

NOMS des MALADIES.	DESCRIPTION.	D'où elles proviennent principalement.	REMÈDES A APPLIQUER et quelques préservatifs.	OBSERVATIONS.

Volailles.

Nota. Je n'ai pas jugé nécessaire de faire l'analyse des ouvrages qui ont traité des Maladies des bêtes à cornes et des chevaux, on ne fait un pareil travail que lorsque la quantité des bestiaux qu'on élève mérite ce soin ; je n'ai que 6 vaches et 9 chevaux et dans ce petit nombre, les maladies sont extrêmement rares.

Même observation pour les volailles.

MOTIFS DE L'ETAT *contenant l'analyse chimique des produits de la ferme et des objets de consommation pour les gens et animaux.*

Cet objet n'est pas inutile à connaître même pour les cultivateurs : ne faut-il pas qu'ils jugent la nature des alimens, soit pour augmenter les rations, soit pour les diminuer, selon la portion nutritive qu'ils contiennent, et selon les parties nuisibles qu'ils renferment.

Les plus sains et les plus nourrissans doivent être préférés, cela est incontestable ; il faut donc connaître l'analyse qui en a été faite.

Cet état peut être encore utile à ceux qui réunissent à leur exploitation des fabriques de sucre, des distilleries, etc. ; ils pourront l'étendre aux objets qui leur donneront les substances qu'ils désirent obtenir ; il leur suggérera les moyens d'utiliser les autres parties.

DE CHIMIE AGRICOLE.

TABLEAU des quantités de matières solubles et nutritives fournies par mille parties de différentes substances végétales.

VÉGÉTAUX ou SUBSTANCES VÉGÉTALES.	Quantité totale de matière soluble et nutritive.	Mucilage ou amidon.	Matière sacharine ou sucre.	Gluten ou albumine.	Extrait ou matière devenue insoluble pendant l'évaporation.	OBSERVATIONS.
Blé de Middlessex	955	765	n	190	»	Ce tableau est présenté comme exemple; il a été extrait d'un ouvrage intitulé : *Elémens de chimie agricole*, etc., par Davy.
Blé de mars	940	700	»	240	»	
Blé dur de Sicile	955	725	»	230	»	
Blé commun *id.*	961	722	»	239	»	
Blé de Pologne	950	750	»	200	»	
Blé de l'Amérique septentrionale	955	730	»	225	»	
Orge de Norfolk	920	790	70	60	»	
Avoine d'Ecosse	743	641	15	87	»	
Seigle du Yorkshire	792	645	38	109	»	
Fèves communes	570	426	»	103	41	
Pois secs	574	501	22	35	16	
Pommes de terre	de 260 à 200	de 200 à 155	de 20 à 15	de 40 à 30	»	
Tourteaux de graines de lin	151	123	11	17	»	
Betteraves rouges	148	14	121	13	»	
Id. blanches	136	13	119	4	»	
Panais	99	9	90	»	»	
Carottes	98	3	95	»	»	
Turneps communs	42	7	34	1	»	
Id. de Suède	64	9	51	2	2	
Choux	73	41	24	8	»	
Paille de seigle						
Id. de froment de Brie						
Id. d'orge						Ces objets ne faisaient pas partie du tableau, et je n'en connais pas l'analyse.
Id. d'avoine						
Pré de première qualité						
Pré-marais						
Trèfle des prés	39	30	3	2	3	
Id. rampant	39	30	4	3	2	
Id. blanc	32	29	1	3	5	
Sainfoin	39	28	2	3	6	
Luzerne	23	18	1	»	4	
Alopécure des prés	33	24	3	»	6	
Raigrass	39	26	4	»	5	
Poa fertile	78	65	6	»	7	
Poa commun	39	29	5	»	6	
La crételle des prés	35	28	3	»	4	
Festure des prés	19	15	2	»	2	
Holcus odorant	82	72	4	»	6	
La flouve odorante	50	43	4	»	3	
Fiorin	54	46	5	1	2	
Id. coupé en hiver	76	64	8	1	3	

Motifs *qui déterminent à établir l'Etat des diverses espèces de terres.*

Il me semble que l'utilité de cet Etat est incontestable, puisqu'il doit servir à mettre le cultivateur à même de bien déterminer la nature de la terre qu'il cultive, les engrais, les semences qui lui sont propres, et les soins qu'elle exige. Combien de terres se trouveront bonifiées par les mélanges souvent à la portée et les moins dispendieux, et par les soins les plus simples.

Le grand art est de connaître les vices et les qualités de sa terre, afin de la traiter selon son tempérament, et de s'épargner ainsi le regret de s'être donné beaucoup de peine, d'avoir employé beaucoup de temps et d'argent, et d'avoir détruit ses récoltes et reculé ses jouissances ; ce qui arrivera si, dans un sol brûlant, on met un fumier chaud ; si, dans un sol humide, on met du fumier froid.

Etat des différentes terres et à quoi elles sont propres.

N.os d'ordre	DÉTAIL DES TERRES.	LEUR NATURE.	GRAINS, HERBAGES, PLANTES et ARBRES qui leur conviennent.	FUMIERS, AMENDEMENS ET ENGRAIS qu'il leur faut.	OBSERVATIONS.
1	Sable pur.	Aride, infertile, chaud.		Terre franche ou argileuse ou visqueuse ; du fumier de vache gras.	Nota. L'alumine, la silice, le carbonate de chaux ou de magnésie pure, sont incapables de fournir une bonne végétation : tous fonds, qui sur 20 parties en renferment 19 de substances ci-dessus mentionnées, sont improductifs.
2	Terre sableuse, blanche.	Froide.	Blé, betteraves.	Fumier de mouton, qu'on peut laisser sur terre jusqu'au printemps.	Les plantes cultivées ne consomment qu'une très-petite portion de terre dans laquelle on les met ; encore la partie consommée se retrouve-t-elle dans leurs cendres. Les cendres de plantes brûlées ne contiennent ordinairement qu'un 50me. en poids du végétal. Avec un thermomètre on peut apprécier de la fertilité d'un sol en jugeant son degré de température.
3	Terre sableuse, caillouteuse	Chaude.	Propre à la vigne, aux fruits à noyau, pois, légumes.	Fumiers de vache et de cheval.	
4	Terre sableuse, noire et grasse.	Chaude.	Grains, légumes, toutes espèces d'arbres, les bois blancs ; luzerne, trèfle, sainfoin, pommes de terre, betteraves.	Fumiers de cheval et de mouton.	
5	Terre franche de plusieurs sortes, qu'on peut regarder comme la terre des plaines.	Chaude ou froide.	Froment, prairies artificielles, trèfle et luzerne.	Fumiers de cheval et de mouton.	
6	Terre croûteuse, mêlée d'argile.	Froide.	Les arbres fruitiers, le froment, la luzerne.	Fumiers de cheval, de mouton et de vache.	
7	Terre forte, pesante, serrée.	Humide et froide.	Fruits, gros légumes, grains, luzerne, trèfle.	Fumier de cheval, sable, cendre, sur-tout la marne ; les cossats de pois, la chaux ; fumier de pigeon ; marc de raisin, de pomme.	
8	Terre de mouillère, à tourbe ou marécageuse.	Froide.	Des fèves, du seigle, du trèfle.	Marne, sable ; fumiers de mouton, de poule ; chaux, cendre.	
9	La craie ou crayon.	Infertile, chaude.	Seigle, orge, avoine, quelquefois froment, sarrasin, sainfoin.	Fumiers de cheval, de vache, de mouton ; terre franche.	
10	La glaise et la marne.	Infertile, froide.		Sable un peu gros, sable de marais ; fumiers de cheval, de pigeon et de mouton.	

Nota. Le produit des récoltes doit nécessairement varier selon le plus ou le moins de fertilité de chaque sol, selon l'espèce et la quantité d'engrais qu'on y mettra ; mais toutes les fois qu'on cultivera bien une terre, et qu'elle aura le fumier et le grain qui lui conviennent, elle produira beaucoup.

J'ai suivi, pour cet Etat, ce qui a été dit par nos meilleurs auteurs anciens et modernes ; il aurait pu être bien plus étendu, mais on ne doit pas perdre de vue que ce n'est qu'un cadre que chacun doit remplir pour ce qui le concerne seulement.

MOTIFS *qui déterminent à donner l'Etat des Fumiers, Amendemens et Engrais.*

La connaissance de tous les engrais est d'une nécessité absolue ; tout cultivateur doit constamment méditer, calculer et chercher les moyens de s'en procurer soit de naturels, soit de composés ; de l'engrais seul dépend le succès de son exploitation : il lui en faut beaucoup, car avec beaucoup d'engrais on a beaucoup de fourrage, avec beaucoup de fourrage on peut élever beaucoup de bestiaux, et ces bestiaux donnent des fumiers qui font croître les céréales, les plantes légumineuses et herbagères ; il doit donc s'emparer de tous ceux qui sont à sa portée et qu'il peut se procurer à peu de frais.

Le point essentiel est de faire ses mélanges et de les porter dans les terres, le tout avec discernement ; de ne pas se jeter dans des engrais dispendieux qui ne procureraient pas des produits assez considérables pour indemniser des avances faites pour se les procurer, car alors je dirais comme Olivier de Serres : A quoi te sert que la terre te rapporte beaucoup si elle te coûte beaucoup ? Mais je suis convaincu que la plupart des cultivateurs ont près d'eux les moyens de bonifier leur sol avec une dépense moindre que les produits, et c'est pour en faciliter la recherche que j'établis cet état. Tous les engrais étant présens à la pensée, il sera plus facile de calculer leur force et d'en régler l'emploi.

ÉTAT
DES DIVERS FUMIERS ET ENGRAIS.

Etat des Fumiers, Engrais

Qualification des engrais, etc.	Nos. d'ordre	DÉSIGNATION DES FUMIERS, ENGRAIS ET AMENDEMENS.	LEUR VERTU.	Dans quelle terre ils conviennent le mieux.	LEUR EFFET.	OBSERVATIONS.
Engrais provenant des animaux.	1	Fumiers de cheval, de mulet, d'âne.	Chauds.	Dans toutes les terres, mais de préférence dans les terres froides.	Echauffent et engraissent la terre.	On met de 10 à 15 voitures à 3 chevaux par arpent.
	2	Fumier de vache.	Froid.	Dans toutes les terres, mais de préférence dans les terres chaudes.	Nourrit la terre et l'engraisse.	Beaucoup d'humus, peu ou point d'alcaline. On met de 15 à 20 voitures à 3 chevaux par arpent.
	3	Fumier de mouton.	Plus chaud.	Dans toutes les terres, mais de préférence dans les terres froides.	Il échauffe la terre et donne de la vigueur aux plantes.	Beaucoup d'humus et de matière alcaline. On met de 10 à 12 voitures à 3 chevaux par arpent.
	4	Fumier de cochon.	Froid.	Dans les terres très-chaudes; il est d'une substance légère et médiocre.	Son effet est peu sensible.	De l'humus et peu de matière alcaline. Il faut le mêler avec les autres fumiers de la basse-cour.
	5	Fumier de pigeon et de volaille.	Fumier le plus chaud.	Il doit être employé sur les terres froides, et, comme la poudrette, il faut le semer avant la pluie; il serait préférable aussi de le répandre avant l'hiver.	Donne une grande vigueur aux plantes sur lesquelles on le répand, à cause de la chaleur qu'il leur communique.	Il est éminemment chargé de salpêtre ou nitrate de potasse; par conséquent il a beaucoup de matière alcaline et peu d'humus.
	6	Urine ou jus de fumier.	Communique plus promptement ses sels aux plantes; chaud.	Dans toutes les espèces de terres qui ont besoin d'engrais.	Rafraîchit, nourrit les plantes, et leur donne une force qui double la récolte.	De l'humus et alcaline.
Engrais composés	7	Plâtre.	Attire l'humidité, et pourtant un sol continuellement humide détruit son effet; chaud.	Les terres sèches, soit siliceuses, soit argiles calcaires.	Les racines des plantes s'approprient les sels qu'il contient, ce qui leur donne plus de vigueur.	Peu d'humus et beaucoup d'alcaline. On en met un hectolitre et demi par arpent.
	8	L'urate.	A plus de vertu que le plâtre à cause des sels contenus dans l'urine; chaud.	Dans les mêmes terres que l'on a l'intention de plâtrer.	Même observation que pour le plâtre.	Beaucoup d'alcaline et peu d'humus; autant d'urine que de plâtre. On en met 3 hectolitres ou setiers par arpent.
	9	La chaux.	Plus chaude que la colombine.	De préférence dans les terres froides, mais bonnes, et sur les prairies artificielles avant l'hiver ou la pluie.	Même observation que pour le plâtre.	Tout alcaline. On met 2 hectolitres par arpent.
	10	Décombres des bâtimens bâtis en chaux ou en terre.	Chauds.	Sur toutes les terres; mais son influence se fait plus sentir sur les terres fortes.	Même observation que pour le plâtre.	Toute matière alcaline. On met 30 tombereaux par arpent.
	11	Le tan ou la tanne.	Chaud.	De préférence sur les terres froides et humides.	Même observation que pour le plâtre.	
	12	Les cendres lessivées et non lessivées de tourbe, ou la suie.	Chaudes.	Sur toutes les prairies artificielles et principalement dans les terres froides.	Même observation que pour le plâtre.	Toute matière alcaline.
	13	Poudrette ou vidange.	Plus chaude que la colombine.	Dans les terres les plus froides.	Echauffe les plantes et peut même brûler les feuilles et les racines; la répandre avant la pluie et même avant l'hiver.	Un sac ou un setier de 12 boisseaux comble coûte 8 fr. Matière alcaline.
	14	Les terres neuves ou terres mortes.	Renouvellent les terres.	Dans les terres maigres, sur les prairies artificielles.	Rechaussent les plantes, garantissent leurs racines de l'ardeur du soleil, et les font profiter de l'influence des rosées que ces terres conservent plus long-temps.	Peu d'humus et peu d'alcaline. On met 100 tombereaux par arpent.
	15	Terre argileuse.	Pour donner du corps aux terres siliceuses et calcaires.	Dans les sables et terres calcaires.	En rendant la terre plus compacte donne plus de force et de résistance aux racines que les vents fatiguent moins.	Rentre dans les engrais froids.

et Amendemens.

	Nos. d'ordre	DÉSIGNATION DES FUMIERS, ENGRAIS ET AMENDEMENS.	LEUR VERTU.	Dans quelle terre ils conviennent le mieux.	LEUR EFFET.	OBSERVATIONS.	
	16	La terre des rues, ou boue de ville.	Froide.	Sur les terres calcaires et siliceuses.	Engraisse le sol et nourrit les plantes.	De l'humus et peu de matière alcaline; deux ans à l'air cet engrais s'échauffe et devient meilleur.	Humus, substance grasse et huileuse fortement chargée de carbone et d'hydrogène, regard. comme base de la fertilité; et la matière alcaline ou calcaire, considé-rée comme le prin-cipe le plus actif du développement de la végétation; soit parce qu'il rend l'hu-mus soluble, soit parce qu'il donne aux plantes une plus grande force de suc-cion. En principe, tout fumier chaud doit être mis dans les terres froides, hu-mides et argileuses; il nuirait dans les terres siliceuses, cal-caires et sèches : les raisons opposées existent pour les fu-miers froids. Les fumiers se font mieux au nord et à l'ombre des arbres; le soleil les dessèche. Un fumier trop pailleux et un fu-mier trop fait man-quent tous deux de qualité. Je ne rends compte avec quelques dé-tails que des expé-riences que j'ai faites moi-même. J'ai puisé dans divers au-teurs les autres ren-seignemens portés sur le présent état.
	17	La craie et terre calcaire.	Pour diviser et attirer l'humidité dans les terres argileuses trop sèches.	Dans les terres argileuses sèches.	Les racines des plantes percent plus facilement et se trouvent bien de la fraîcheur qu'elles conser-vent dans les temps chauds	Plus d'alcaline que d'humus.	
	18	Sable et terre siliceuse.	Pour diviser et échauffer les terres argileuses.	Dans les terres argileuses froides.	En divisant les terres, le sable les rend plus légères, donne plus de facilité aux plantes pour étendre leurs racines, et les pluies pénètrent mieux.	Plus d'alcaline que d'humus.	
	19	Sable de mer, ou tangue.	Chaud.	Principalement dans les terres grasses et humides.	Divise, sèche, échauffe, et donne de la vigueur aux plantes.	Sable gras; tout alcaline. Il existe aussi un sablon plus maigre qu'on prend dans les havres, et qui contient plus de sel que l'autre. Il faut du pre-mier 24 voitures par hectare.	
	20	Marne.	Chaude.	Dans les terres froides et humides.	Sèche les terres et réchauffe les plantes.	Il en faut de 10 à 15 tombereaux par arpent.	
	21	La vase des marais, fossés et étangs.	Froide.	Dans les terres calcaires et siliceuses.	Rend les terres plus com-pactes, les racines trouvent plus de substances, et la plante est moins exposée à être fatiguée par les vents.	Devient un bon engrais, mise en tas pendant un an ou deux.	
	22	Les gazons et les mousses brûlés.	Chauds.	Dans les terres fortes et sur les prairies artificielles.	Le même effet que les cendres.	Composés de matière alcaline et peu d'humus.	
	23	Le marc de raisin, de bière, de cidre et d'huile.	Chaud.	Dans les terres froides et humides.	Soulève la terre, facilite l'évaporation, et la réchauffe.	Le marc de raisin sortant du pressoir fait mourir le roseau.	
	24	Les feuilles et herbages.	Froids.	Dans toutes les terres, mais de préférence dans les calcaires et siliceuses.	Engraissent la terre.	Plus d'humus que de matière alcaline.	
	25	La vesce, pois et sarrasin retournés en vert.	Chauds.	Dans les terres maigres.	La fermentation occa-sionnée par la décompo-sition échauffe la terre.	Humus et alcaline.	
	26	Chaume et fougère.					
	27						
	28	Les labours faits à propos.	Ils allègent la terre et la disposent à recevoir les influences de l'atmosphère.	Les labours fréquens conviennent dans les terres fortes.	Les racines des plantes y sont plus à l'aise et s'étendent plus facilement.		
	29	Les rosées, les gelées, les brouillards, la neige.	Rafraîchissent la terre et y déposent quelques sels fertilisans.	Sont favorables aux terres sèches de quelque nature qu'elles soient.	En rafraîchissant les terres ils leur laissent un léger engrais.		
	30						

ETAT N°. 14.

ÉTAT des principales semences propres à une exploitation.

ETAT des principales semences propres à une exploitation

DÉSIGNATION générale DES SEMENCES.	DÉNOMINATION particulière DE CHAQUE SEMENCE.	TERRES qui leur conviennent.	QUANTITÉ qu'il leur en faut pour semer 1 demi-hectare.	PRODUIT brut par hectare, année commune.	OBSERVATIONS.
Céréales......					Cet état et les deux qui suivent ne sont pas remplis, l'idée de les comprendre dans cet ouvrage m'est venue lorsque tous les autres états étaient imprimés, et pour les remplir il m'aurait fallu faire beaucoup de recherches et retarder la distribution d'un travail pour lequel on me pressait ; au reste, cette lacune même me conduit encore à répéter que l'administration de l'agriculture consiste principalement à établir un ordre de travail, et que pour compléter un travail de ce genre, qui pût réunir les renseignemens utiles à chacun, il aurait fallu qu'il eût été entrepris par des savans qui eussent le temps de se livrer à ce genre d'occupation ; j'avoue que l'importance de mes travaux né me l'a pas toujours permis.
Oléagineuses...					
Herbagères....					
Légumineuses..					

ÉTAT des divers instrumens aratoires propres à l'agriculture.

ÉTAT des divers instrumens aratoires propres à l'agriculture.

DÉSIGNATION des INSTRUMENS.	NOMS de chaque INSTRUMENT.	PRIX qu'il coûte.	A quoi il est propre.	CALCULS Sur les avantages qu'on en doit retirer pour la facilité, la promptitude et la perfection des travaux.	OBSERVATIONS.

ETAT des principaux ouvrages sur l'agriculture.

Etat des principaux ouvrages sur l'agriculture.

DÉSIGNATION DES OBJETS qu'ils traitent.	NATURE des OBJETS.	NOMS des AUTEURS.	PRIX que coûtent les ouvrages.	ANALYSE Contenant ce qu'ils ont de plus remarquable en agriculture.	OBSERVATIONS.

Motifs d'un *Etat comparatif entre l'exploitation du Fermier et celle du Propriétaire.*

J'ai dû faire cet état, parce qu'il prouve jusqu'à l'évidence ce que j'ai avancé. En le parcourant, on sera peut-être plus disposé à l'indulgence pour un travail minutieux, j'en conviens, mais auquel je dois des résultats aussi satisfaisans, la connaissance exacte de toutes mes opérations et le moyen de contrôler toutes celles qui seront faites à l'avenir.

Quelqu'un qui se serait occupé de ce travail, il y a 20 ans, aurait été entendu de très-peu de monde; mais aujourd'hui que nous voyons à la tête des exploitations, des commerçans, d'anciens militaires et d'anciens administrateurs, des propriétaires éclairés et même des fermiers instruits, j'espère qu'ils me comprendront; ils truoveront là l'ordre qui existe maintenant dans la plupart des administrations.

Je crois bien que dans toutes ces exploitations il existe aussi un ordre quelconque, mais je pense qu'il serait utile de le généraliser et de le rendre, autant que possible, uniforme, afin que tous les cultivateurs, ayant le même langage, s'entendissent plus facilement.

Je le répéterai encore ici : je ne prétends pas que le mode adopté par moi soit le meilleur; je dis seulement qu'il en faut un et j'indique le mien, d'après lequel on pourra déjà se convaincre qu'un propriétaire intelligent trouve une fortune là où il n'avait pas même d'aisance; que l'agriculture offre à présent une carrière et de l'occupation à beaucoup de citoyens; que dirigée vers le but qu'on se propose d'atteindre, elle fournira une plus grande masse de denrées à la consommation et au commerce, et que, par conséquent, elle enrichira l'état et les particuliers : elle mérite, sous tous les rapports, de fixer de plus en plus l'attention du gouvernement lui-même.

TABLEAU COMPARATIF.

TABLEAU

EXPLOITATION du Fermier, en 1810.

Nos. d'ordr.	Nature des principaux objets quand un fermier louait la ferme.	En quelle quantité.	Ces objets capitalisés.	Produit brut annuel que le fermier retirait.	Sa Dépense d'exploitation	Fermage qu'il payait au Propriétaire.	Restait net au fermier.	OBSERVATIONS.
1	Terre en labour.	390 arp.	80,000 fr.	1,758 fr.	270			La nourriture du fermier, de sa famille et des ouvriers, ainsi que les semences et le grain donné aux moissonneurs et batteurs sont défalqués. Une partie des terres restaient sans culture; ce qui explique le faible produit que le fermier retirait.
2	Pré naturel.	7	4,200	»	49			Était récolté pour la consommation des bestiaux.
3	Pré-marais.	7	1,400	»	30			Idem.
4	Prairies artificielles.	2	»	»	14			On voit comme cette partie était négligée.
5	Bois.	5	2,500	»	20			Le taillis se coupait tous les cinq ans et l'arpent donnait 400 fagots. La façon de chaque cent coûtait 5 francs.
6	Chevaux.	7	2,100	»	»	1,500 fr.	587 fr.	
6	Poulains.	2	»	150	»			
7	Vaches.	16	960	400	»			Pour beurre, veaux et vieilles vaches.
8	Moutons.	100	1,000	562	»			Pour laine et bêtes de rebut, on sait qu'une bête commune ne donne pas plus d'une livre 1/2 de laine lavée à dos, et que cette laine se vend de 30 à 40 sous la livre. Les bêtes de rebut ont peu de valeur.
9	Volaille.	80	80	50	»			On ne faisait aucun élève.
10	Nombre de gens attachés à la ferme.	10	»	»	310			Il y avait deux familles à cette ferme, on n'avait donc qu'à payer une fille de basse-cour, un petit berger et un charretier; les fermiers, leurs femmes et leurs enfans, faisaient le reste de l'ouvrage.
11	Dépenses diverses d'exploitation.	»	»	»	140			Tout était fourni par la ferme, à l'exception du sel et divers petits objets.
12	Combien on fumait d'arpens par an.	10	»	»	»			Ce qui fait que le fermier fumait une si petite quantité de terre, c'est qu'il mettait un tiers de voiture de plus que moi par arpent et encore son fumier était plus consommé; ce qui n'est pas avantageux quand on a beaucoup de terres] à fumer.
	TOTAUX......		92,240	2,920	833	1,500 fr.	587	

COMPARATIF.

EXPLOITATION du Propriétaire, en 1820.

Nos. d'ordr.	Nature des principaux objets à présent que le propriétaire fait valoir pour son compte.	En quelle quantité.	Ces objets capitalisés.	Produit brut annuel que le propriétaire retire.	Sa dépense d'exploitation	Reste net.	Montant approximatif du produit brut de la ferme dans deux années.	Nota. Je n'entre dans aucun détail sur les recettes et les dépenses; on les trouvera sur le grand compte; il s'agit ici d'un aperçu. OBSERVATIONS.
1	Terre en labour.	39o arp.	107,250 fr.	5,55o fr.	»	»	8,oo0 fr.	L'augmentation du capital sur le prix des terres vient de ce que les terres fumées ont beaucoup plus de valeur, et on en a déjà fumé plus de 3oo arpens. On a aussi construit quelques bâtimens sur des terres éloignées.
2	Pré naturel.	15	9,000	»	»	»	»	
3	Pré-marais.	3o	7,5oo	»	»	»	»	Je suis occupé à bonifier l'herbe de ce marais au moyen de fossés qu'ils traverseront dans différens sens et faciliteront l'écoulement des eaux; ce qui doublera la récolte et rendra le fond de meilleure qualité.
4	Prairies artificielles	5o	»	»	»	»	»	Il y aura, en 1821, 1oo arpens de prairies artificielles qui seront d'un grand produit.
5	Bois.	25	1o,oo0	»	»	»	»	Il n'y a que 5 arpens de taillis; les autres 2o arpens sont de bas-fond plantés en futaie qui produiront beaucoup un jour.
6	Chevaux ou jumens.	9	3,6oo	»	»	»	»	Je fais pouliner environ moitié de mes jumens, ainsi j'ai tous les ans 3 à 4 poulains; mais ils remplacent les pertes que je fais en chevaux: en attendant que les poulains puissent me servir, je les envoie dans un autre établissement.
7	Vaches.	5	8oo	62	»	»	»	Vente de veaux; les vaches sont d'une plus belle espèce que celles du fermier: tout le laitage et le beurre sont consommés par les gens.
8	Moutons. Laine.	8oo »	24,000	5,75o 7,948	»	»	6,oo0 12,oo0	Je puis vendre tous les ans 2oo bêtes ayant plus de 35o mères.
9	Volailles. Dindes.	115 25	115 100	28 3oo	» »	» »	600	Je compte élever 2oo dindons; dans une ferme voisine, j'en ai si en l'année dernière 3oo, qui ont très-bien réussi et que j'ai vendus plus de 9oo fr.
10	Nombre de gens attachés à la ferme.	12	»	»	»	»	»	On voit que je n'ai pas beaucoup plus de monde pour faire valoir cette ferme que le fermier n'en avait lui-même, et cependant je ne crains pas de dire que nous faisons dix fois plus de travail, et l'on en sera convaincu si l'on veut réfléchir un moment sur tout ce qui est établi par les états qui précèdent.
11	Dépenses générales d'exploitation.	»	»	»	5,833	13,805	»	Je suppose que ma dépense augmente de 2,000 fr., il me resterait encore 18,000 fr. Le produit net comparé au fermage que le fermier payait au propriétaire paraîtra, j'espère, mériter l'attention d'un père de famille, qui reconnaîtra qu'avec des soins, des capitaux, des bestiaux et de l'ordre, il peut laisser à ses enfans une fortune et une propriété dont la valeur augmentera tous les jours jusqu'à ce qu'elle soit arrivée à un point d'amélioration que plusieurs générations ne pourront pas atteindre.
12	Combien on fume d'arpens par an.	4o	»	»	»	»	»	
TOTAUX......			162,365	19,638	5,833	13,805	26,600	

CONCLUSION.

On a vu comment j'ai été conduit à une exploitation plus importante; il en est de même pour ce travail.

Je n'avais d'abord eu d'autre intention que d'établir les règles générales et les comptes positifs de mes exploitations; mais l'ordre que j'ai établi sur une branche m'a conduit à l'établir sur une autre, puis sur toutes.

Tout le monde conviendra que si ceux qui veulent faire une entreprise quelconque pouvaient, au moment où ils forment leur projet, trouver tous les calculs et tous les résultats de leur opération à venir, ils s'éviteraient bien des recherches, bien des soins, et marcheraient avec plus d'assurance vers l'objet qu'ils veulent atteindre.

Comme, dans l'entreprise que j'ai formée , je n'ai pu préciser les détails et l'importance des opérations de chacun, je me suis borné à indiquer comment on pouvait arriver au même but que moi.

Je n'ai pas eu le temps nécessaire pour remplir en entier quelques états : au reste, ce qu'il faut à chaque cultivateur, c'est un travail pour lui; le mien, je crois, lui rendra faciles l'ordre et la méthode qu'il devra suivre, c'est tout ce qui constitue *l'administration de l'agriculture*.

Je sens le peu de mérite d'un pareil ouvrage, et je sais que, pour avoir un degré d'intérêt de plus, il aurait fallu qu'il eût été rédigé par des gens plus instruits que moi : il laisse sans doute beaucoup à désirer ; mais il faut être vieux en agriculture pour connaître tous les détails de cette science. J'engage donc quelques-uns de mes confrères, si toutefois ils trouvent le plan de l'ouvrage bon, à le perfectionner; de mon côté, je m'occuperai à remplir les lacunes pour lesquelles j'ai manqué de connaissances et de temps.

Le travail que je viens de soumettre aux agriculteurs paraîtra compliqué; mais, pour établir ce système, j'ai dû entrer dans les plus petits détails; il m'a fallu même les répéter souvent pour mieux faire sentir les avantages de l'ordre.

Je suppose qu'on pense que ce mode d'administration puisse être adopté en tout ou en partie: alors il n'échappera à personne que, lorsque tous ces tableaux sont imprimés, il ne reste à nos agens qu'à placer successivement les chiffres; ce qui devient fort simple et est à la portée de tout le monde, ainsi que cela m'est démontré maintenant par une longue expérience.

On reconnaîtra encore qu'on peut substituer sur les tableaux telle ou telle branche à la place de telle ou telle autre; que ce système peut être appliqué non-seulement à une exploitation rurale, mais à tous les genres de fabrications et d'exploitations.

Que le seul état de mois du fermier établit véritablement l'ordre et la comptabilité ; que tous les autres sont faits une fois pour la vie; et, si l'on veut même considérer les miens comme des tableaux tarifs, ils éviteront à chacun le travail que j'ai fait; il suffirait alors de faire les modifications commandées par les localités, et c'est principalement pour cela que j'ai laissé une colonne d'observations à chaque état.

Pour moi, je ne sens plus le besoin de faire de nouveau ce travail, même pour les nouvelles exploitations et les nouveaux établissemens que j'ai dans d'autres cantons; avec une feuille du fermier ou celle du régisseur, je me reporte à mon compte que j'appellerai compte tarif, et là , je compare l'époque où mes travaux sont faits, quels ont été mes produits, mes dépenses; et s'ils ne sont pas en harmonie avec mon tarif, j'adresse alors mes observations, et je vois si les explications qu'on me donne sont satisfaisantes: de cette manière, mes quatre exploitations marchent bien; voilà ce que je puis prouver à l'appui de tout ce que je viens de dire.

En dernière analyse, tant que mes exploitations n'ont pas été soumises à des règles fixes, j'ai éprouvé beaucoup d'embarras et de confusion dans toutes les parties , maintenant elles marchent sans effort.

L'agriculture doit être pour tout cultivateur et tout propriétaire un objet d'étude, de plaisir et de produit.

J'ai atteint ce triple but, et je désire que le même succès couronne les entreprises de mes confrères.

TABLE DES MATIÈRES.

ERRATA.

Pages 21, 23, 25 et 27, en tête de la colonne 19, il faut lire l'arpent équivaut à 46 ares 90 centiares.

Page 23, n°. 29, colonne 17, *au lieu de* 600 gerbées, *lisez* 600 quarts d'hectolitre.

Page 27, Report des recettes positives, *au lieu de* 5892 fr., *lisez* 5898 fr.

    Au total de cette même colonne,   *id.*   5898 fr.

Page 69, En tête du tableau, *lisez* État n°. 12.

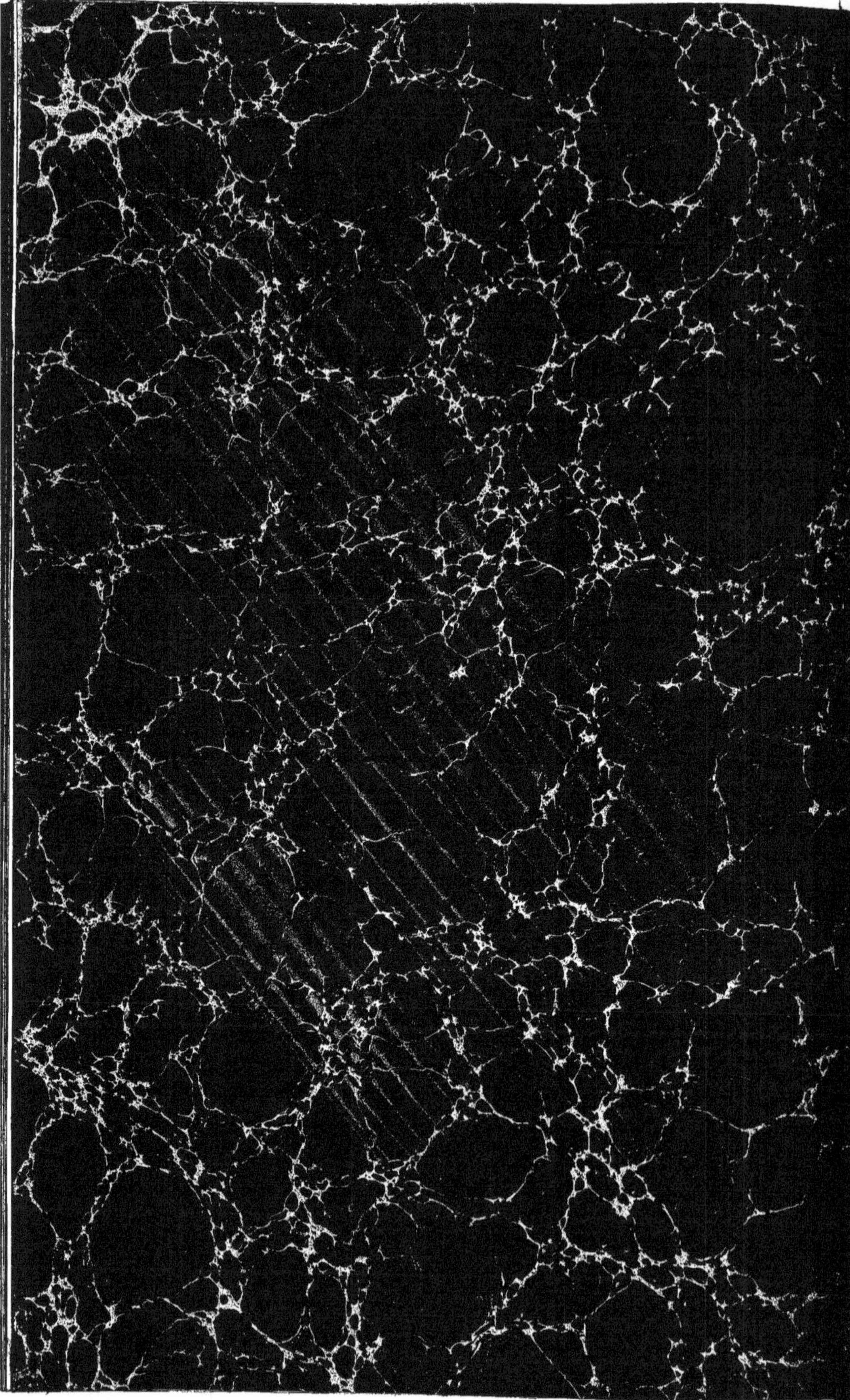

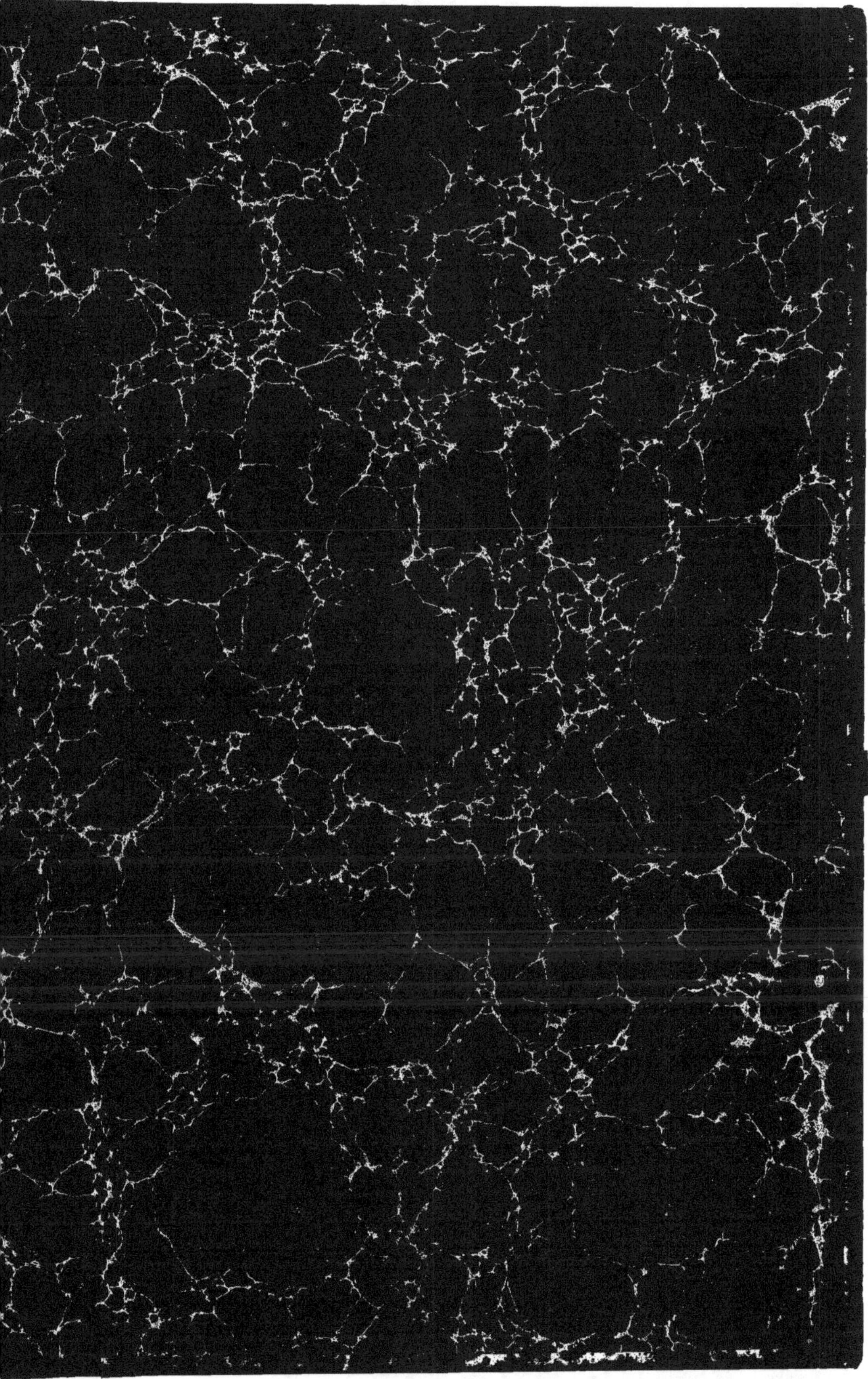

www.ingramcontent.com/pod-product-compliance
Lightning Source LLC
Chambersburg PA
CBHW061351060726
47597CB00003B/829